白金版

哈佛凌晨四点半

哈佛大学送给青少年的成功励志课

文启智/编著

中华工商联合出版社

图书在版编目（CIP）数据

哈佛凌晨四点半 / 文启智编著. —北京：中华工商联合出版社，2019.11

ISBN 978-7-5158-2595-3

Ⅰ. ①哈… Ⅱ. ①文… Ⅲ. ①成功心理—青少年读物 Ⅳ. ①B848.4-49

中国版本图书馆 CIP 数据核字（2019）第 220863 号

哈佛凌晨四点半

作　　者：文启智
策划编辑：傅德华
责任编辑：楼燕青
封面设计：周　源
责任审读：魏鸿鸣
责任印制：迈致红
出版发行：中华工商联合出版社有限责任公司
印　　刷：唐山富达印务有限公司
版　　次：2020 年 6 月第 1 版
印　　次：2020 年 6 月第 1 次印刷
开　　本：710mm×1020mm　1/16
字　　数：220 千字
印　　张：16.25
书　　号：ISBN 978-7-5158-2595-3
定　　价：42.00 元

服务热线：010－58301130
销售热线：010－58302813
地址邮编：北京市西城区西环广场 A 座 19－20 层，100044
http://www.chgslcbs.cn
E-mail：cicap1202@sina.com（营销中心）
E-mail：gslzbs@sina.com（总编室）

序 言 | Preface

与哈佛同行，成就最好的自己

哈佛大学，一所创建于 1696 年，被誉为“高等学府王冠上的宝石”“常青藤八大盟校”之首的高等学府，培养出了 8 位总统、44 位诺贝尔奖获得者、30 多名普利策奖获得者以及数以万计的企业精英。如此的哈佛大学已不仅仅是一个名字，更是一种象征，象征着最高的智慧，它已然成为世界学子心目中的理想殿堂，是年轻人梦寐以求的圣地。

那么，究竟是什么让哈佛成为精英的摇篮？在回答这个问题之前，让我们先来看一看有关哈佛校园的情形吧！

在哈佛，随处可见浓浓的学习氛围，学生们经常是不分昼夜地学习。即使是在凌晨，我们也能看到校园里一片灯火辉煌的场景。英国的一家电视台曾录制过一期名为《哈佛凌晨四点半》的节目。在一个凌晨四点半的哈佛大学图书馆里，灯火通明，里面坐满了认真学习的学生，他们在专注地看书、积极地思考。除此之外，哈佛的学生餐厅，同样也基本听不到说话的声音，每个学生端着比萨、可乐坐下后，边吃边看书或是边做笔记。

虽然考上哈佛大学的人都是非常优秀的，但是为了成就最好的自己，为了实现自己的梦想，为了在这些人才济济的卓越者中脱颖而出，哈佛学子选择用自己勤劳的汗水，坚忍不拔的毅力去孜孜不倦地努力读书。他们知道成功没有捷径，真正的精英并不是天才，而是付出了更多努力的人。所以要想出类拔萃，必须靠勤学苦练。哈佛的教授也经常这样告诫学生："如果你想在进入社会后，在任何时候、任何场合下都能得心应手并且得到应有的评价，那么你在哈佛学习期间，就没有晒太阳的时间。"

当然，哈佛大学在这300多年来有着如此巨大的成就，与它的教育理念、追求真理等方面是分不开的。它教会了学生们如何做最好的自己，如何成为一个成功的人，并为他们实现自己的目标积聚能量，为其做好充分的准备。

是的，每一个人的心底都有想成为最好的自己的冲动，都希望自己能成为未来的成功者。相信从拿起这本书开始，你已经决心要改变自己，让自己变得更卓越。

让我们打开这本《哈佛凌晨四点半》，这里有哈佛校长、教授们的谆谆教导，有哈佛人的精神和思想，更有哈佛学子和各界成功人士的精彩故事。这里没有冗长的说教，有的只是无穷的榜样的力量。

如果你也想像哈佛学子一样优秀，那么就请用哈佛的方式成长，像哈佛人一样成功。我们可以从哈佛精神中得到启发，点燃自己的学习热情，发掘自身的无限潜力，从而引导自己实现自我，创造卓越的人生。所以，请跟随我们一起，与哈佛同行，我们就是未来的精英。

目 录|Contents

第一章

有梦想，谁都可以了不起

哈佛大学的教授曾说过：“作为年轻人，你们一定要敢于梦想、勇于梦想，因为这个世界永远都属于追梦的人。”当你怀揣着梦想，勇于去实践时，没有什么能阻挡你，这样你才能离梦想更近一步，才能收获伟大的成就。

人生因梦想而伟大

> **托马斯·伍德罗·威尔逊**
> **美国第 28 任总统**
> 我们因梦想而伟大，所有的成功者都是大梦想家：在冬夜的火堆旁，在阴天的雨雾中，梦想着未来。有些人让梦想悄然绝灭，有些人则细心培育、维护，直到它安然度过困境，迎来光明和希望，而光明和希望总是降临在那些真心相信梦想一定会成真的人身上。

美国前总统威尔逊曾说过，人类因为梦想而伟大。

那么，梦想是什么呢？梦想不是做梦，梦想是我们对人生的一种期望，对生活方式的一种期许，对我们想拥有的东西的一种期待……

每个人都曾在心里描绘过自己的梦想，或绚烂夺目，或平淡真实。而在追寻梦想的道路上，有人放弃，有人坚持，有人迷茫，有人执着。

“醒醒吧，别做梦了！”

“就凭你那点本事，还想干大事？没睡醒吧？还是赶紧续上你的春秋大梦吧！”

“我哪有那么好的运气?”

“我恐怕是痴心妄想了吧!”

……

面对着别人对自己想法的“歧视”和自我的否定，很多人还没踏上梦想之路，就被三振出局了。比尔·盖茨曾说过，成功始于想法。一个连成功的想法都没有，连想都不敢想的人，何来成功之说?哈佛大学的教授就经常这样跟学生说：“作为年轻人，你们一定要敢于梦想、勇于梦想，因为这个世界永远都属于追梦的人。”当你怀揣着梦想，勇于去实践时，你就离梦想更近了一步。

一个人的成功，有时候就是源于他小时候的一个愿望。正是这个在别人看来是异想天开的愿望，在他的心里播下了梦想的种子，随着时间的流逝，种子慢慢生根发芽，最后长成参天大树，开了花，也结出了梦想的果实。

媒体上曾经报道过一个衡水女孩张媛琦，她放弃了国内高考，却被美国一流名校诸如哈佛大学、麻省理工学院、斯坦福大学、康奈尔大学等争相录取的报道在网上引起热议。最后，张媛琦选择了哈佛大学数学系。

那么，哈佛女孩张媛琦是怎样炼成的?这成了当时诸多网友心头的疑问。

进入哈佛大学读书，其实是张媛琦儿时的梦想。在她5岁的时候，爸爸带着她去北京旅游，在参观国家博物馆的时候，张媛琦第一次从爸爸的口中听说了哈佛大学这个名字。谁知，她也将这所大学的名字刻进了自己的心里。

“我要上哈佛!”回家后，这个刚刚学会写自己名字的女孩就将这个梦想歪歪扭扭地写在一张小纸条上，并将它贴在了家里的冰箱上。

谁知这一贴就是14年，家里的冰箱已经换了一台，但那张纸条却从来没有换过，虽然纸条已经发黄，但她的梦想没变。

在她 19 岁，同龄人都在忙着备战高考的时候，她已经接到了哈佛大学的录取通知书。当有人询问她成功的经验时，她略带羞涩地回答道：“我只是完成了我儿时的梦想。”

有一位优秀的哈佛学子也曾说过：“只有喜欢仰望星空的人，才有可能成为天文学家。让自己的脸转向梦想，才有可能实现梦想。哈佛让我学到了只要紧紧盯着那座心里的灯塔，不惧风雨，就一定能征服大海，从而驶入成功的港湾，最终收获完美的人生。”

是的，梦想可以激发人的潜能，让一个人能为了自己的信念而不懈努力。只要有了梦想，即便是普普通通的石头，也能变成一座座令人称奇的城堡。正因为有了梦想，才会有梦想成真的那一刻。

第 85 届奥斯卡奖再一次被华人导演李安斩获！当李安手捧着小金人被镁光灯聚焦时，这个总是笑意盈盈的导演道出了自己的“血泪史”。曾被父亲强烈反对学电影，依靠妻子的微薄薪水当了七年的“家庭煮夫”，一度曾想过放弃并改学计算机专业。然而最终一直支撑着他的信念的是妻子林惠嘉的一句话：“安，要记得你心里的梦想。”正是这一句温馨得扣人心弦的话，使李安多年来坚定地行走在梦想的旅途上，最终凭借执导 3D 电影《少年派的奇幻漂流》二度斩获奥斯卡最佳导演大奖。

心理学家们已经证明了目标与成功之间的关系，就是有明确目标和梦想的人，他的成功概率要比没有目标和梦想的人大得多。给自己一个梦想，其实就是给自己一个承诺，而承诺本身会给我们带来更好的结果和未来。

成功始于梦想。梦想是我们前进的方向，是帮助我们克服困难的密匙，是搏击巨浪的双桨。梦想就像黑暗中的启明灯，为我们指引着前进的方向。

做一个有梦想的人吧，只要拥有梦想，你的人生就会变得充实而伟大。对了，你找到自己的梦想了吗？如果没有，那就赶快行动起来，勇敢地去寻找它吧。

梦想不只是说说而已

> 阿·安·普罗克特
> 英国天文学家
> 梦想一旦被付诸行动，就会变得神圣。

梦想给了我们乘风破浪的勇气，给了我们披荆斩棘的动力。但仅有梦想就可以成功了吗？当然不！梦想只是你通往成功的入口，试着扪心自问一下，你是否有过为自己的梦想真正地实干过一把？为了实现心中的梦想，你努力了多少，付出了多少？没有?！那你只不过是空想罢了。

梦想，不只是说说而已，如果你不做，那就永远只是定义上的梦想，现实中的空想。网上流传着这样一段话：18岁读大学，问你的理想是什么，你说环游世界；22岁读完大学，你说找了工作以后再去；26岁工作稳定，你说等买了房以后再说；30岁有车有房，你说等结婚了再带老婆一起去；35岁有了小孩，你说等小孩子大一点再去；40岁孩子大了，你说养好了老人再去。结果到最后，你哪儿也没有去。因为你一直都没有迈出实现梦想的那一步。

那么，怎么才能实现梦想呢？我们需要勇气，需要懂得实践和坚持，这时你就会发现梦想原来已经离你越来越近，甚至触手可及了。

1819年，在横跨得克萨斯州的火车上，一个瘦高个子、大约13岁的男孩，正在卖报纸和雪茄烟。当旅客们谈论有关投资方面的事情时，这个男孩总会全神贯注地听着。

这个卖报纸的孩子名叫威廉，他的梦想是自己能成为一个预测未来的交易商。过往的人纷纷嘲笑他："噢！祝你好运吧！但是没有人能预测未来。"

威廉对他的梦想是认真的。为了这个梦想，长大后的威廉整天躲在狭小的地下室里，将数百万根的K线一根根地画到纸上，贴到墙上，接下来便对着这些K线静静地思索，有时他甚至能面对着一张K线图发上几个小时的呆。

后来，他把美国证券市场有史以来的记录都收集到一起，在那些杂乱无章的数据中寻找着规律性的东西。由于没有客户，挣不到薪金，他很多时候不得不靠朋友的接济才能勉强度日。

这样的情况延续了6年之久。在这6年时间里，威廉集中研究了美国证券市场的走势与古老数学、几何学和星象学的关系。

终于，他发现了有关证券市场发展趋势的最重要的预测方法，他把这一方法命名为“控制时间因素”。他也因此在金融投资生涯中赚取了5亿美元，成为华尔街上靠研究理论而白手起家的神话人物。

他的全名叫威廉·江恩，世界证券行业尽人皆知的最重要的“波浪理论”的创始人。

就像故事中的小男孩一样，不管有什么样的梦想，请你一定要付诸实践，不要害怕别人的嘲笑，虽然前面有可能是坦途，也可能是荆棘密布，请相信自己，一旦选择了，就勇敢地走下去，要知道，有志者事竟成，立志成才，始于脚下，路就在脚下。

成功需要梦想，梦想需要坚持，这是一条简单而纯粹的真理。都说梦想是一种让你感到坚持就是幸福的东西，它没有高低贵贱之分，只要你满怀激情，并为之不懈努力，它便是你心中最美的风景，而所谓的辛苦，也就变成了快乐，同时，你也能成就自己的人生。

马云曾说过这样一段话：“第一，要有梦想。一个人最富有的时候是有梦想，有梦想是最开心的。第二，要坚持自己的梦想。有梦想的人非常多，但能够坚持的人却非常少。阿里巴巴能够成功是因为我们坚持下来。在互联网激烈的竞争环境里，我们还在，是因为我们坚持，并不是因为我们聪明。有时候傻坚持比不坚持要好很多。”

请记住，实现梦想不能只是说说而已。因为只有多一分耕耘，才会多一分收获！

找到自己的梦想

罗伯特·戈达德

美国教授、工程师、发明家

很难说有什么办不到的事情，因为昨天的梦想，可以是今天的希望，而且还可以成为明天的现实。

很多年轻人都不清楚自己心里到底有些什么想法，换句话说，就是不知道自己的梦想是什么，不知道自己为什么而活。当一个人没有梦想的时候，他们会觉得生活中缺少了什么，正当迷茫的时候，他们会变得得过且过或通过打游戏、参加什么活动来混日子，但是即便如此，也无法填补他们内心的空虚。

哈佛大学曾对在校学生做过一个测试，以寻求他们来哈佛求学的真正目的。下面是其测试结果：

12％的人是为了找到好工作；

8％的人是为了拥有更高的权力；

20%的人是为了出人头地；

60%的人是为了寻找人生的意义。

由此可见，来哈佛求学的人并不都是为了表面的光鲜，而是想让自己的人生过得更加有意义。换句话说，他们找到了最适合自己的梦想，然后去实现，这些远比金钱、权力重要得多。

其实，一个人的梦想是与生俱来的，它承载着你生命的意义和价值，让你的人生充满激情，让你的心灵感到快乐和满足。那么，怎么才能找到自己的梦想呢？

你可以试着用以下方法去寻找你的梦想：

写下你的想法或梦想。每天找一个安静的、最好是没人会来打扰你的地方，时长为半个小时左右，静下心来，在白纸上写下“我最想要的生活是什么样的，我的梦想是什么，我想要成为什么样的人”，然后写出或画出你心里最真实的、想起来就会让你激动不已的想法，现在的、过去的，大的、小的想法或梦想，将它们都写下来，重复写也没关系，越清楚越好。

挑出那些你认为有价值的想法或梦想。注意挑出那些让你认为有价值的，在你生命中非常重要的，而且每每想到就会令你激动或兴奋不已的想法或梦想，即使它是无偿的，也会让你觉得意义非凡。

在精心挑选出来的几个梦想中，对比自己的天赋。也就是说，你天生就爱干、乐此不疲，干起来也得心应手的事情应该就是你内心深处的梦想。

有些人可能几天就找到了自己的梦想，有些人可能需要花一些时间才能找到。不管怎么样，请多做这个练习，让自己彻底安静下来，去审视自己的内心，听听内心深处自己最真实的声音。慢慢地，你就会发现原来梦想已然清晰地呈现在你的面前。

人的一生中可能有很多梦想，它需要你不断地去尝试，当一个梦想因现实的阻挠而无法实现时，千万不要气馁，而要勇敢地去寻找下一个梦想。只要你踏实地把握住梦想，梦想就一定能开出绚烂的花儿。

他出生在意大利的一个农民家庭，他的父亲每天都得冒险骑马登上高高的雪山，采下大大的冰块，运到城里卖给富人家。挣得的几个小钱只能勉强维持一家人的生计。上学时，同学们经常叫他“窝囊废”，这些难听的话，严重地刺伤了一个少年的心，所以，从小他就体会到贫穷带来的艰难与屈辱。

在中学阶段的后期，他曾参加过校内戏剧演出，从那时起，他就对舞台产生了兴趣。他梦想自己将来能成为一名出色的舞蹈演员，在舞台上尽情展示舞姿。为此，16 岁那年，他毅然做出了一个大胆的决定——退学，一个人独自跑到当时的大都市巴黎，希望自己能在这个时尚大舞台上用脚尖旋转出精彩人生。

可是，这座高傲的城市根本不屑于瞟这个穷小子一眼，别说学习舞蹈的高昂学费了，就连满足生活的基本需求都成了问题。他没有其他特长，只有从小跟着父母学到的一点裁缝技术。凭着这点手艺，他在一家裁缝店找到了一份每天要做十多个小时的工作。

就这样做了几个月，他的心情越来越低落、颓废。他不知道自己在这个裁缝店还要干多久，不知道自己什么时候才能登上梦想中的舞台。他为自己的理想无法实现而感到非常苦闷，认为与其这样痛苦地活着，还不如早早结束自己的生命。

就在他准备自杀的当晚，他突然想起了自己从小就崇拜的有着“芭蕾音乐之父”美誉的布德里，他决定给布德里写一封信，讲述自己的梦想遭到现实阻挠无法实现的困惑。在信的最后，他写道，如果布德里不肯收他这个学生，他便只好为艺术献身跳河自尽了。很快，他便收到了布德里的回信。谁知，布德里并没提收他做学生的事，而是讲了他自己的人生经历。布德里说他小时候很想当科学家，也想当飞行员，还想成为一名牧师，但因为家境贫穷父母无法送他上学，他只得跟一个街头艺人过起了卖唱的生活……最后，他说，人生在世，现实与梦想总是有一定的距离，在梦想与现实生活中，人首先要选择生存，一个连自己的生命都不珍惜的人，是不配谈艺术的……

布德里的回信让他幡然醒悟。后来，他努力学习缝纫技术，并应聘于一家名叫“帕坎”的时装店。凭着勤奋和聪慧，他的服装设计技术提高得很快。为了进一步开阔视野，他又投奔由著名时装设计大师迪奥尔开设的“新貌”时装店。在这里，他增长了见识，积累了领导时装潮流的设计心得和体会，他的设计水平也得到了提高。这一年，著名艺术家让·科托克拍摄先锋影片《美女与野兽》，邀请他设计服装。他为法国著名演员让·马雷设计了12套服装，影片公映后，他设计的服装惊动了巴黎，美誉如潮。

那年，他23岁，在巴黎开始了自己的时装事业，建立了自己的公司和服装品牌。他追求独特的个性，大胆突破，设计了时代感非常强烈的“P”字牌服装，赢得了挑剔的巴黎顾客的青睐。演艺界名流、社会上层人士、达官贵人等争相慕名前来订制服装。

他就是皮尔·卡丹。

如今，皮尔·卡丹不但成了令人瞩目的亿万富翁，以他的名字命名的产品也遍及世界，皮尔·卡丹成了服装界成功的典范。

让我们用心去寻找自己心中的梦想吧，哪怕它不止一个。让梦想带着我们在人生辽阔的天空里自由地飞翔，让梦想的力量激励和激发我们的生命，摆脱平庸和低俗，克服人性的弱点，从而走向优秀和杰出。

如何实现梦想

很多人都有梦想，但真正实现梦想的人却不多。在梦想通往成功的道路上，很多人放弃了，害怕了，他们没有去付诸行动，没有坚持到底。其实，实现梦想很简单，只要你用心做好以下几点。

1. 给梦想列一个清单

一个人的梦想或许有很多，那就给它们列一个清单吧，从易到难，从近期的梦想到远期的梦想，然后按照清单的排序逐个去实现。如果你觉得某一两个梦想是你迫切想要去完成的，也可以在清单上注明优先实现该梦想。

2. 马上行动起来

如果你想得到你想要的，那就下定决心马上采取行动。如果你只躺在床上做着各种美梦，而没有动手去做，那你的梦想将永远无法实现。有行动才会有结果，成功＝方向正确＋持续行动。

3. 坚持梦想，不轻言放弃

很多人都是一开始雄心勃勃，坚持了一段时间以后，特别是在碰到各种阻碍的时候，慢慢变得懒散，想着今天休息一天，明日再努力，可是明日复明日，到最后，过了一两个月就放弃了。梦想的实现离不开坚持不懈的努力。当你觉得累、觉得不容易想放弃的时候，可能就是离梦想最近的时候。

4. 做好规划，严格实施

梦想多的人，可以给每个梦想限定一个时间，列出具体的实施方案，怎么去做，并严格按照规划去做，今日事今日毕，切不可三天打鱼两天晒网。目标越明确，你的梦想就越容易实现。

5. 逼自己一把

人都是被逼出来的。一个人，如果你不逼自己一把，你永远都不会知道自己有多优秀。有的梦想看着遥不可及，但是每个人都有潜能，通过每天不断的磨炼，对自己狠一点，再努力一点，多付出一点精力和时间，说不定梦想就实现了呢！

6. 永远相信自己

人一定要对自己有信心，相信自己一定能行。有些人，一遇到点儿事就开始退缩，觉得自己肯定不行，那你就一定不行。相信自己的人一定相信方法总比问题多，再难的事情，只要努力用心去做，一定能得到满意的结果。

7. 投资好自己

你可以通过多阅读相关的书籍，为自己的梦想助力。同时，你也可以向一些前辈和相关的专业人士学习，来提升自己，让自己有更大的能量和资本去完成自己的梦想。

一个人，只有有了伟大的梦想，才能产生伟大的动力，从而收获伟大的成就。但是，梦想需要一步一步地实现，而不可能一步登天，只有脚踏实地地迈出现在的每一小步，才能离胜利更近一大步。

第二章

设定目标，然后实现它

法国文学家罗曼·罗兰说：“人生最可怕的敌人，就是没有明确的目标。”目标是人生的罗盘，是世人前进的灯塔。没有目标的人，将永远走不出人生的荒野；没有目标的努力，最终只能是在浪费时间和生命。

没有目标，你将一事无成

> 蒙田
> 法国人文主义作家、思想家
> 灵魂如果没有确定的目标，它就会丧失自己，因为，俗语说得好，无所不在等于无所在。

美国哈佛大学有一个非常著名的关于目标对人生影响的跟踪调查。对象是一群智力、学历、环境等条件差不多的年轻人，其调查结果发现：

27％的人没有目标，60％的人目标模糊，10％的人有清晰但比较短期的目标，3％的人有清晰且长期的目标。

25年的跟踪结果发现：

3％有清晰且长期目标的人，25年来几乎不曾更改过自己的人生目标，朝着同一方向不懈地努力。25年后，他们几乎都成了社会各界的顶尖成功人士，他们中不乏白手创业者、行业领袖、社会精英。

10％有清晰但比较短期目标的人，大都生活在社会的中上层。他们的共同特点是，那些短期目标不断被达成，生活状态稳步上升，成为各行各业不可或缺的专业人士，如医生、律师、工程师、高级主管等。

60%目标模糊的人，几乎都生活在社会的中下层，他们能安稳地生活与工作，但都没有什么特别的成绩。

剩下27%没有目标的人，他们几乎都生活在社会的最底层。他们的生活过得很不如意，常常失业，要靠社会救济过活。

由此可以看出，目标对人生具有巨大的导向作用，可以说，有什么样的目标就会有什么样的人生。

所谓成功，通俗来讲就是实现既定的目标。所以，成功的第一步，应从设立目标开始。

《福布斯》世界富豪、日籍韩裔富豪孙正义19岁的时候曾做过一个50年生涯规划：

20多岁时，要向所投身的行业，宣布自己的存在；

30多岁时，要有1亿美元的种子资金，足够做一件大事情；

40多岁时，要选一个非常重要的行业，然后把重点都放在这个行业上，并在这个行业中取得第一，公司拥有10亿美元以上的资产用于投资，整个集团拥有1000家以上的公司；

50岁时，完成自己的事业，公司营业额超过100亿美元；

60岁时，把事业传给下一代，自己回归家庭，颐养天年。

现在看来，孙正义正在逐步实现着他的计划，从一个小老板的儿子，到今天成为一个闻名世界的大富豪，孙正义用的时间比预定的目标要短了许多。

所以，人的一生是不能没有一个明确的目标的。目标能主导我们一生的命运与成就，因为它的存在，是我们不断向前迈进的原动力。一个没有目标的人，就像一艘没有舵的船，永远漂流不定，只会到达失望、失败和丧气的海滩，无所事事，虚耗着自己的光阴和生命，最后只能浑浑噩噩地终其一生。

前美国财务顾问协会的总裁刘易斯·沃克接受一位记者的采访，问有关稳健投资计划的基础。聊了一会儿后，记者问沃克："到底是什么因素使人无法成功?"

沃克回答道："模糊不清的目标。"记者请沃克解释一下原因。沃克说："我在几分钟前就问你，你的目标是什么？你说希望有一天可以拥有一栋山上的小屋，这其实就是一个模糊不清的目标。问题就在'有一天'不够明确，因为不够明确，所以你成功的机会也就不大。"

"如果你真的希望在山上买一间小屋，你必须先找出那座山，我告诉你那座小屋的现值，然后考虑通货膨胀，算出 5 年后这栋房子值多少钱；接着你必须决定，为了达到这个目标你每个月要存多少钱。如果你真的这么做，你可能在不久的将来就会拥有一栋山上的小屋，但如果你只是说说，你的目标就不可能实现。没有配合实际行动计划的目标，就只能算是妄想而已。"

成功的人，一定都有一个明确的奋斗目标，他懂得自己活着是为什么。他所有努力的出发点都是为了实现这个目标，他知道怎么做是正确的、有用的，怎么做是在浪费时间和精力，对自己的目标无益。

很明显，成功总是喜欢眷恋那些有目标的人。没有目标，你将一事无成，鲜花和荣誉自然也不会降临到你头上。

很多不成功的人看到那些成功人士，会习惯性地认为他们取得成功的原因是有贵人相助，抑或是天上掉馅饼刚好砸到他们头上，感叹自己的命运不济。成功人士比你富裕、比你有才华，就能说明他们比你更聪明吗？绝对不是。他们取得成功的原因之一，就是他们确立了明确的目标。

一个人有了明确的奋斗目标，才会不断向前。因而目标不仅是奋斗的方向，更是一种对自己的鞭策。有了目标，就有了热情、积极性、使命感和成就感。

有明确目标的人，不会再被诸多的杂事所干扰，他们会聚精会神地将所有的能量对准自己的目标，做任何事情都会变得有条不紊，循序渐进。相反，那些没有明确目标的人，他们时常会感到内心空虚，思维也比较混乱，分不清主次轻重，遇事犹豫不决，不知道自己该干什么，不该干什么。

当你确立了自己前进的目标时，你就会发现自己有无限的潜力。而且在实现目标的过程中，你会变得更富有创造性，将那些沉睡在心中的优异、独特的品质淋漓尽致地散发出来。

如果你还没有确定自己的目标，那么，请你马上行动起来，找到自己的目标吧！

树立正确的目标，坚持不懈地为之奋斗

> 阿尔伯特·爱因斯坦
> 著名物理学家
> 在一个崇高的目标支持下，不停地工作，即使慢，也一定会获得成功。

哈佛大学有一句名言：“不知道要去哪里的人，哪里也去不了。”如果你没有确立一个正确的目标，那么在通往成功的路上，你就会像一只无头苍蝇一般四处碰壁，找不到前行的方向。当你树立了正确的目标，并把自己的行动与目标不断地加以对照，你就会清楚地知道自己与目标之间的距离，进而不断地给自己信心和勇气，自觉地克服一切困难，努力实现目标。

所以，正确的目标对人生有着巨大的导向性作用。成功，在一开始仅仅是一种选择，你选择了什么样的目标，就会有什么样的人生。

有一个年轻人，头脑聪明，有能力，但大学毕业多年的他依然没有找

到合适的工作。于是，他只好向他的老师请教，希望老师能给他指点迷津。

老师了解了年轻人的情况后问道："我可以帮你找份工作，可你喜欢什么样的工作呢？"年轻人说："这就是我找您的原因呀，说实话，我真的不知道自己喜欢做什么？"老师说："那就让我们来看看你的目标吧，10年以后你希望自己成为什么样的人呢？"

年轻人想了想，说："好！我希望自己有一个待遇优厚的工作，工作几年之后能有钱买一栋好房子。当然，我还没有想好自己该怎么去做呢。"

"没有目标就不好办了。"老师对他说，"你没有目标，就像你跑到航空公司对售票员说'给我一张机票'，但你又不说去什么地方，售票员无法卖票给你一样。所以，我只有知道了你的目标，才能帮你找到工作。但目的地只有你自己才知道。"

"一年后，我想当个总统——我就以这个作为我的目标吧。现在您可以告诉我该怎么做了吧。"年轻人说。

老师笑了笑，说："年轻人，有目标还要正确呀，依我看，在一年后当个总统恐怕很难做到，你这个目标是错误的。人生不仅要有目标，而且还要正确，这样，对我们的人生才会有促进作用。"

老师的话让年轻人恍然大悟，他开始重新考虑自己的人生目标。接着，他和老师讨论了究竟什么才是自己的职业目标，在谈了两个小时以后，他从老师那里学到了最重要的智慧：出发之前，要有目标，并且目标是正确的，你才能到达终点。

很快，年轻人按照自己的特点，给自己拟定了一个切实可行的目标。没过多久，年轻人便找到了适合自己的工作。

有了正确的目标，为什么大多数人还是没有成功呢？其实，真正能完成自己计划的人只有5%，大多数人不是将自己的目标舍弃，就是沦为缺乏行动的空想家。

“发明大王”爱迪生一生有2000多项发明。为人类做出了巨大的贡献。然而这些发明无处不凝结着坚持的力量。为了发明灯泡爱迪生一次次地试验，一次次地失败，很多专家都认为电灯的前途黯淡。英国一些著名专家甚至讥讽爱迪生的研究是“毫无意义的”。一些记者也报道：“爱迪生的理想已成泡影。”

面对失败，面对这些人的冷嘲热讽，爱迪生没有退却。他明白，每一次的失败，都意味着自己又向成功走近了一步。经过了13个月的艰苦奋斗，试用了6000多种材料，试验了7000多次，终于有了突破性的进展。从此人们又拥有一轮“太阳”，人们的活动不再受到黑夜的制约了。

当我们看到那些华美的灯饰时，请不要忘记，这一切都是源于对目标的坚持，只要坚持正确的目标就一定会成功，但要坚持到底就要承受一次次失败的考验！

在追求目标的过程中要跨越出乎想象的困难，弱者以报怨来让自己的心灵免受伤害，而强者用冷静的坚持使自己的心灵得到一些抚慰。

选择了一种信念，就有了一种坚定的行为；选择了一种行为，就有了一种积极的态度；选择了一种态度，就有了一种舒畅的感觉！在面对追求目标时遇到的困境和挫折，成功的人往往会勇敢地对自己说“坚持就是胜利”，“我能行”。

坚定地坚持正确的目标是成功的必经之路。如果我们明确地知道自己的目标，并且以坚定的态度坚持不懈地努力朝目标前进，无论碰到什么困难，都能以耐心和毅力去达成目标，那么你一定能成功。

有目的地寻找目标

> 卡尔夫
> 美国杜邦公司的副总裁
> 最悲哀的事情莫过于，有那么多的年轻人，从来就不知道自己想要干什么。

现如今，有太多的人都没有目标，都在“穷忙”，即使他们在很拼命地学习、工作，到头来却始终没有得到相应的回报。为什么会这样呢？因为很多人都不想费力地去想未来，在没有目标的状态下盲目地忙活着便挺好，因为他们自以为只要是在忙就会让自己感觉很充实，然而现实却给了他们重重的一击。

教育家俞敏洪曾说过这么一句话：“一个人如果只想着搬石头，那这只是一堆石头，但如果他的脑子里有一个房子的想法，那这就会变成一个房子。”

从上学的第一天起，很多人都没有清晰的计划，也没有想去找什么学习目标，长此以往，他们的学习效率自然不高。试问，如此你的成绩如何能提高得了呢？所以，我们要想提高自己的学习效率，用最短的时间做最多的事情，就必须先懂得有目的地去寻找我们的学习目标。要知道，只有找准了学习目标，我们才会有热情、有积极性、有使命感，最后才能收获成功。

让我们先来看一看本田公司的创始人本田宗一郎的故事吧！

本田宗一郎，本田公司的创始人，1906 年出生于日本静冈县。16 岁那年，他只身一人离开了家乡来到东京，进入一家汽车修理厂当学徒。然而，初入职场的他志并不在此。

经过自己不懈的努力和勤奋学习，很快，本田宗一郎就成了一名优秀的修理工。1928 年，本田宗一郎开办了一家自己的汽车修理厂，经营得非常成功。然而，这并不是他所追求的目标。

1934 年，本田宗一郎关闭了汽车修理厂，同时成立了东海精密机械公司，主要生产活塞环，并为丰田汽车供货。但这仍然不是本田宗一郎的最终目标。

本田宗一郎在年轻的时候虽然一无所有，但他有一个雄心勃勃的梦想。他给自己定下了一个目标，那就是要跻身世界最大汽车制造商的行列。

开办汽车修理厂和生产活塞环都只是他为了实现这个远大目标所做的铺垫。因此，在 1945 年，他将蒸蒸日上的东海精密机械公司卖给了丰田公司，并于 1946 年创建了今天的本田技术研究所，开始研发、生产摩托车。

现在，本田宗一郎的这一目标已经实现。在全球小轿车市场上，本田的产销量和市场份额与日俱增，和通用、福特、丰田、戴姆勒—克莱斯勒共同跻身于全球最著名的汽车销售商之列。

从上面的案例中，我们不难发现，本田宗一郎从一开始就在有目的地寻找自己的目标，并在目标的指引下，一步一个脚印地努力工作，从最基层的学徒做起，最终实现了自己的梦想，赢得了成功。可见，目标是很重要的，它是我们前进的动力，是黑夜的一盏明灯，照亮我们前进的路。

既然我们都知道目标的重要性，知道没有目标，我们会像无头苍蝇一样到处乱撞，即使付出了时间和精力，却依旧在原地踏步，那我们应该如何有目的地寻找自己的目标呢？

其实，每个人的目标各异，我们要根据各自的真实想法和具体的客观情况，静下心来去寻找目标。不要害怕目标太小，因为所有的大目标都是由一个个小目标组成；也不要把目标定得太大，毕竟一口吃不成一个大胖子，有时目标太大反而会吓到自己，失去努力的勇气。当我们通过有目的的寻找，找到符合自己的诉求的目标时，必须要将它落实到纸上，烙印进心里，找出具体的行动方案去执行、贯彻你的目标，如此才能让你的目标变得有意义、有实操性。

所以，如果现在的你还没有目标，你对寻找目标还是感到很茫然，千万别担心，别着急，就像上面所说的，静下心来慢慢寻找。无论是要考好期末考试，还是考上好的大学；无论是要查漏补缺，还是专攻某一短板，有目的地为自己找一个目标，你会发现你能更坚实地走得更远！

如何制定目标

> 约翰·沃尔夫冈·冯·歌德
> 德国著名文学家
> 每走一步都走向一个终于要达到的目标，这并不够，应该每一步就是一个目标，每一步都自有价值。

“有了目标，内心的力量才会找到方向，茫无目标的飘荡终归会迷路，你内心那座无价的金矿，也终因不开采而与平凡的尘土一样。”一个人无论现在是多大年龄，真正的人生是从设定目标开始的，以前只不过在绕圈子而已。那么，处于困惑中的你，应该如何设定自己的目标呢？

1. 明确自己想要完成什么样的事情，取得什么样的结果

很多家长都是望子成龙、望女成凤，把自己的希望和目标强加在孩子身上，有些孩子或是自己还不明确自己的目标，或是为了让父母高兴从而压制自己的目标，顺从父母的意愿。然而，我们要抛开这些顾虑，要向内心寻求自己最真实的想法，明白自己真正想要什么、想完成什么、想要取得一个什么样的结果，找到自己认可的目标且适合自己的目标是制定正确目标的前提和基础，只有这样才能开心地实现自己的理想。

2. 结合自身情况，制定合理的不同阶段的目标

每个时期我们可能都有不同的目标，有大目标，有小目标，有长期目标，有短期目标，我们应该根据自己的能力、精力等实际情况，适时地做出调整。目标就是要用力跳一跳，就能够得着，然后不断地向自己提出更高的要求，这样才能越来越接近大目标、长期目标。当然，目标一定不能设立得不切实际，完全不可能实现。当你看不到完成目标的希望时，你也会慢慢失去努力的动力。

3. 目标要能入眼入心

当你设定好了大大小小的目标时，一定要将之用表格或文字的形式落实到笔头上，然后将它们贴在你每天都能看见的地方。每天起床前、睡觉前带着相信自己一定能实现的心认认真真地去默读你要实现的目标，然后细想当天要做的事情，回顾当天做过的事情，以此来对比目标。只要你能如此明确地对待目标，你一定会觉得自己全身充满了前进的巨大能量。

4. 给自己的目标定时

给自己的目标确定时限，安排达到目标的时间，是为了让你有一个紧迫感，让自己不断地处于一个自我激励的状态，也是为了让你能更加有条不紊地去一步步实现自己的目标。有了目标，却没有一个明确的时间表，无异于纸上谈兵，实现目标的概率也会相当渺茫。给自己的目标定时，还有一个好处是，当你的目标顺利完成时，会让你倍有信心，从而向新的更高的目标发起进攻；当你的目标没有按规定时间完成时，你可以总结没有成功的经验和教训，从而让自己得到不断的成长和进步。

目标是行动的导航灯，是未来的现实。有了目标，就有了奋斗的方向。当我们排除一切的犹豫和干扰，全身心地投入其中时，我们的人生就被赋予了丰富的内涵，人也变得充满活力。

行动起来，马上开始制定专属于你的目标吧！

让达成目标成为习惯

查尔斯·诺布尔说过，起初是我们培养习惯，后来是习惯成就我们。这是一个很简单的道理，可是我们总是做不到。其实，刚开始要培养某种习惯时确实会有一点点困难，一旦你克服了这些困难，形成了某种习惯，它就会彻底改变你的思维方式和生活习惯。

一根矮矮的柱子，一条细细的链子，竟能拴住一头重达千斤的大象。

这令人难以置信的景象在印度和泰国随处可见。

原来，那些驯象人在大象还是小象的时候，就用一条铁链把它绑在柱子上。由于力量尚未长成，无论小象怎样挣扎都无法摆脱铁链的束缚。于是小象渐渐地习惯了而不再挣扎，直到它长成庞然大物。虽然大象此时可以轻而易举地挣脱链子，但是它依然习惯地受制于铁链，因为在它的惯性思维里，仍然认为摆脱链子是不可能的。

故事中的小象是被实实在在的链子绑住，而大象则是被看不见的习惯绑住。心理上的习惯，即思维定式一旦形成，便会长年累月地影响我们的思维和行为的方式，左右我们的成败。

把目标变成习惯意味着绝对地全神贯注，排除一切干扰，你越是集中精力，你就越能够水到渠成。一旦你的事情水到渠成，一旦习惯稳定地形成，你就不用再过多地关注它。你会一直地做下去，因为那已经变成了习惯。你只需要用很少的精力保持那个习惯就可以了。当目标顺其自然地达成时，你就可以专注于下一个目标或者习惯了。

那么，我们如何来训练自己，让达成目标成为我们的习惯呢？

1. 清楚地写出你的目标

清楚地写出你的目标，无论是大目标、小目标，还是长期目标、短期目标，越具体越好，这样有利于你更清醒地认识自己的目标，它们也会更容易被实现。

2. 想想实现目标需要的步骤

这个步骤也许会有很多内容。例如，写下实现目标的理由，这样就能更好地说服自己去实现目标；设下完成的期限，这样给自己加压，赶在期限之前完成目标；写下实现目标所需要的条件，假设你想进哈佛大学读书，但你却不知道哈佛大学的录取标准，这样就很难实现目标。所以请你仔细地想清楚所有的要实现目标所需要的步骤。

3. 目标能否通过一系列的行动来实现

要想实现目标就必须马上行动起来。例如，你想增加自己的英语词汇量。那么，你就应该养成每天在你记忆力最强或是自己最想记单词的时候快速记住几个新单词，然后温习昨天刚记住的单词的习惯。通过这种持续的行为，你的目标最终会实现。这也将成为你的习惯，去冲击下一个目标。

4. 花点时间排除其他干扰

在你努力达成目标形成习惯之前，要摒弃其他事情的干扰。特别是在遇到一些不顺心或者阻碍时，一定要整理好自己的情绪，相信自己一定能行。

当你将一个达成目标的习惯养成并牢固建立之后，你之后的目标也就水到渠成了。伯纳德·罗斯认为成功就像肌肉一样，一旦学会控制它的伸缩，你就能够应对人生挑战，达成所有人生目标。习惯最初是钢丝，之后是钢筋。将达成目标养成习惯，会让你受益终生。

第三章

勤奋，是成功者最好的信仰

哈佛图书馆里的训言这样告诫学子们：今天不走，明天要跑。勤奋是成功者最好的信仰，所有的天才也都是勤奋的结果。所以，既然选择了远方的你，就应该风雨兼程，去看那最美的彩虹，收获最有意义的成功。

天才就是勤奋的结果

> **阿尔伯特·爱因斯坦**
> **著名物理学家**
> 在天才和勤奋之间，我毫不迟疑地选择勤奋，它几乎是世界上一切成就的催生婆。

郭沫若说："什么是天才？我想，天才就是勤奋的结果。形成天才的决定因素应该是勤奋，有几分勤学苦练，天资就能发挥几分；天资的充分发挥和个人的勤学苦练是成正比例的。"

那么，让我们先来看看勤奋的定义。勤奋就是指认认真真，努力干好一件事情，不怕吃苦，踏实工作。它是懒惰的反义词，是成功的基础。文学家说勤奋是打开文学殿堂之门的一把钥匙，科学家说勤奋能使人聪明，而政治家说勤奋是实现理想的基石。其实，勤奋是来自内心的一种动力，没有勤奋刻苦的努力是不可能有好成绩，也不可能成为天才的。

被誉为"现代法国小说之父"的巴尔扎克用如痴如狂的拼劲，每天奋笔疾书十六七个小时，即使累得手臂疼痛，也不愿意浪费一分一秒，最终完成了被誉为“资本主义社会的百科全书”——《人间喜剧》。化学家诺贝尔为减轻工地上挖土工人的繁重劳动，决心发明炸药。四年时间里，他废寝忘食地做了数百次试验。最后一次试验时，他聚精会神地盯着燃烧的导火线。一声巨响后，在一旁的人们惊叫道：“诺贝尔完了！”诺贝尔却变成了“黑人”从浓烟中跳出来，兴奋地狂呼：“我成功了！我成功了！”这些伟人的成功，不都是出自勤奋吗？正如著名的数学家华罗庚所说：“天才出于积累，聪明在于勤奋。”

富兰克林是美国独立战争时重要的领导人之一，参与了多项重要文件的草拟，并曾出任美国驻法国大使，成功取得法国支持美国独立。富兰克林曾经进行过多项关于电的实验，并且发明了避雷针，最早提出电荷守恒定律。他还发明了双焦点眼镜、蛙鞋等。富兰克林被选为英国皇家学会院士，他曾是美国首位邮政局长，还被美国的权威期刊《大西洋月刊》评为影响美国的100位人物第6名。

对于富兰克林来说，勤奋和他后来伟大的成就是分不开的。他自幼便酷爱读书。因为家里比较贫穷，连基本的温饱都成问题，更别说上学读书了。所以从小就得独自谋生的他，常常把饭钱省下来买书。

有一天，富兰克林在路上看到一位已饿得走不动了的白发老妇人。他便将自己仅有的一小块面包送给她吃。老妪看了看富兰克林那瘦小的样子，实在是不忍收他的面包。谁知，富兰克林说：“你吃吧，我包里有的是。”说着，他拍了拍那只装满书的背包。只见富兰克林从背包里抽出一本书，津津有味地读起来。“孩子，你怎么不吃面包啊？”老妇人惊讶地问道。富兰克林笑着回答说：“读书的滋味要比面包好多了！”

然而，有些人并不这么认为。在学习上，他们总想走捷径，希望通过什么秘诀来让自己的成绩突飞猛进。他们夸夸其谈，却从不肯静下心来读点书，他们总是幻想着有一天自己也能成为天才，希望那块幸运的馅饼能砸在自己的头上。殊不知，即使是天才，他们都在勤学苦练、奋力奔跑，不敢稍事休息，更何况我们这些平凡之辈呢！

能考上享誉全球的王牌学府——哈佛大学的学子们，应该都算得上天才了吧。但是在凌晨四点半的哈佛大学图书馆里却依旧灯火通明，座无虚席。哈佛的学生餐厅，很难听到说话的声音，每个学生端着比萨、可乐坐下后，边吃边看书或是边做笔记。相信我们都会为哈佛学生这种勤奋的精神所感动。

哈佛大学终身教授丘成桐先生说："中国大学生的大学生活相比美国大学生的大学生活实在是太轻松了。我们总是说，中国的孩子为了高考受了多少苦，其实，在美国一些著名的中学里，高中的学习同样是很苦的。我的孩子上中学的时候，也经常学到半夜。在美国，随着年龄的增长，一点点加大学习的任务。到了大学时是最苦的，所有的精英教育都必须是吃苦的。而中国的孩子到了大学，却一下子放松下来了。他们放松的四年，恰好是美国大学生最勤奋的四年，积蓄人生能量的黄金四年。所以，美国的高科技人才一直是世界上最多的。我们国内的一些重点大学很难让人感受到哈佛那样的学习气氛和探究氛围，到了哈佛，你才知道真正的精英并不是天才，而是付出更多努力的人。"

勤奋能让人学业有成，从平凡变为伟大。来吧，让我们一起扬起勤奋的风帆，共同驶向成功的彼岸吧！

今天不走，明天要跑

哈佛教授

勤奋是世界上最伟大的法则，一个普通的灵魂，在勤奋之火的燃烧中，同样会发出夺目的光亮和巨大的热能。

“今天不走，明天要跑。”这句话是哈佛大学图书馆墙上的训言，意在告诫年轻人要勤奋，懒惰一天，明天要想再赶上别人，就得付出加倍的努力，才能跟得上走在你前面的人。

都说学习如逆水行舟，不进则退。这就要求我们每天都要勤奋学习，让自己有所收获，有所进步。哪怕这个进步只有一点点，但只要你前进了，那就是获得了一种成绩。因为，在学习的道路上，乃至在人生的道路上，每时每刻，都有人在拼命地向前奔跑。如果你此时自满，觉得自己不错了而选择止步不前，那么你将会远远地被人甩在后面。到那时，即使你使出浑身解数全力追赶，恐怕也是无济于事。

艾伦和哈利毕业于同一所名牌大学。毕业以后两人一起被一家大公司招聘进去做行政管理工作，试用期一年。

虽然在同一家公司工作，但是两个人的工作态度却截然不同。

艾伦每天将领导布置给他的任务按要求完成后，便匆匆下班，去逛逛街，约约会，他觉得这样的日子过得也挺轻松的。然而，哈利自从进了这家公司，整个人就变得忙得要死。除了每天把本职工作做好后，他还主动向领导要求做一些他感兴趣的分外的工作。除此之外，他还在努力地学习专业知识。

半年后，他们被告之公司将决定提前结束试用期，直接录取其中的一个人成为公司的正式员工。这时，艾伦突然感觉自己有了很大的紧迫感。虽然自己来公司有半年之久，但是对于很多事情自己还不是特别会处理，还得去请教一些前辈。自己的专业水平也和刚毕业时差不了多少，没有得到多大的提升。相比哈利天天在业余时间努力学习和工作，自己和他的差距越来越大，即使自己临时抱佛脚，每天通宵也肯定赶不上他了。当然，最终哈利的付出得到了回报，公司正式录用了他。

现在的我们正值青春。青春对于每个人来说，都是一生中最美好、最值得把握的时光。青春需要努力、需要拼搏、需要奋斗。在拥有的今天，要努力让自己有所前进，这个并不难做到，只要每天肯用心付出一点点的时间来充实自己，哪怕只是一小时，那积累下来，你所取得的成就也是足以令人称奇的。

20 世纪初，在数学界有这样一道难题，那就是 2 的 76 次方减去 1 的结果是不是人们所猜想的质数。很多科学家都在努力地攻克这一数学难关，但结果并不如人意。1903 年，在纽约的数学学会上，一位名叫科尔的科学家通过令人信服的运算论证，成功地证明了这道难题。

人们在惊诧和赞许之余，向科尔问道：“您论证这个课题一共花了多少时间?”科尔回答：“3年内的全部星期天。”

现在因为贪睡而流的口水，将成为你明天的眼泪。今天不努力，明天必定要后悔。机遇与勤奋是孪生兄弟，失败和懒惰也是，上天只会把机遇留给那些勤奋的人，而机遇在勤奋的人面前才会长久地停留。努力是成功所必需的，你想要成功，现在就必须付出更多的努力。

不要再浪费时间了，更不要为了贪图一时的玩乐而荒废掉大把的青春。“少壮不努力，老大徒伤悲”不是我们想要的结局。争分夺秒起来吧，在最好的年华，学习各种知识和技能，让自己有所骄傲而不停步。

“我荒废的今日，正是昨夜殒身之人祈求的明日。”坚持努力、坚持奋斗吧，不要在走不动、跑不动时才去后悔，才去抱怨。

最好的学习方法是勤奋

> **托马斯·阿尔瓦·爱迪生**
> **美国著名发明家**
> 天才就是百分之九十九的汗水加百分之一的灵感。

我们总是试图寻找一些可以偷懒、能快速成功的捷径和方法，但是结果总是不如我们所愿。要知道诸如偷懒、投机取巧得来的成功只会是暂时的，而且会让你变得贪图安逸，进而变得越来越堕落。

马歇尔·霍尔博士认为："没有什么比无所事事、懒惰、空虚无聊更加有害的了。"要想成功，必须摒弃这些毒害。我们不妨看看先辈们给我们总结出的最好的答案：书山有路勤为径，学海无涯苦作舟；聪明出于勤奋，天才在于积累……勤奋，就是最好的学习方法。

一天，勤奋和懒惰这两个小精灵吵架了，他们都说自己最厉害。时光老人走了过来说："你们谁最厉害，到人间去比一比就知道了。"两个小精灵听了都点点头表示同意。

来到人间后，懒惰摇身一变，变成了一个小男孩。这个小男孩背着书包正要上学去，他的书包可沉了，但里面装的不是学习用品，而是一些漫画书和游戏机。小男孩可懒了，上课时，他从来不认真听讲，不是打游戏机看漫画，就是在睡觉。老师布置的作业也总是拖拖拉拉的不做，他的学习成绩是班上倒数第一。他那么懒，老师、同学，甚至家长都越来越不喜欢他。

勤奋摇身一变，变成了一个小女孩。这个小女孩正背着书包去学校，她的书包也可沉了，因为里面装的全是书和学习用品。她学习勤奋刻苦，上课认真听讲，课后认真完成作业。在班上，她学习成绩优异，在家里总是帮父母干这干那，是个人见人爱的好孩子。

学期结束了，小女孩被评为“优秀三好学生”，而小男孩什么也没有，还被老师狠狠地批评了一顿。当他们回到了天上时，时光老人说：“这下你们知道谁厉害了吧！”懒惰只好羞愧得低下了头。

天道酬勤是亘古不变的真理。每个想成功的人都需要勤奋。聪明人要勤奋，需要通过努力挖掘自己的潜力，实现自身的价值；笨人更要勤奋，需要付出更多辛苦，去争取自己想要的人生。即使一时间没有显著的成就，勤奋的努力也一定不会白费。因为成功不可能一蹴而就，凡事都需要一个积累的过程，而每天的勤奋所带给我们的，不仅是知识能力上的收获，还有意志品质上的锻炼。这些，都是不能拿“是否已经成功”这个标准去衡量的。

当你问 100 个成绩优异的学长们该怎么学习时，我相信他们一定能滔滔不绝地长篇大论一番，给你罗列出很多的学习方法和技巧。但是我们要知道，一切学习方法和技巧的基础和根本就是勤奋。一切的成就，都必须要有相对应的付出才能获得。

古罗马皇帝曾说过这么一句话："勤奋是通往成功的必经之路。"相传古罗马人有两座圣殿，一座是勤奋的圣殿，一座是荣誉的殿堂。他们在安排座位时有一个顺序，必须经过前者的座位，才能到达后者。勤奋是通往荣誉圣殿的必经之路。它旨在告诉世人，如果你要想成功，要想抵达荣誉的殿堂，那么，勤奋便是你唯一的道路。

哈佛的教授曾这样告诫学生："如果你想在进入社会后，在任何时候、任何场合下都能得心应手并且得到应有的评价，那么你在哈佛学习期间，就没有晒太阳的时间。"所以，青少年朋友们，你们应该明白，一分耕耘一分收获，天下没有免费的午餐，只有靠我们勤奋的双手去努力，去奋斗，才能给自己交出一份满意的答卷。

勤奋能让你不断突破自我

本杰明·富兰克林

美国著名的政治家

我未曾见过一个早起勤奋谨慎诚实的人抱怨命运不好；良好的品格，优良的习惯，坚强的意志，是不会被假设所谓的命运击败的。

谁都希望能过上安逸的生活，但安逸背后却需要放弃很多。就像温室里的花朵和笼子里的金丝雀，虽然能够养尊处优、丰衣足食，却只能被关在一个小小的空间里，感受不到大自然的美好和蓝天的辽阔。这一生也就是庸庸碌碌、平淡无奇。其实你也一样，如果你接受了一切，对自己满意，觉得就这样子挺好，那你就永远只能停留在现状中了。

然而，如果你想成功，你就必须要放弃那些安逸的生活，学会经得起风吹雨打、经得起挫折和磨难，让自己变得更加勤奋努力，不断地突破自己，从而变成一个更优秀的人。

约翰和汤姆是相邻两家的孩子，他俩从小就在一起玩耍。约翰是一个聪明的孩子，学什么都是一点就通，他知道自己的优势，也很为自己感到骄傲。汤姆的脑子没有约翰聪明，尽管他也很用功，但成绩却难以排到前面。因此，与约翰相比，他心里时常流露出一种自卑。

然而，他的母亲却总是鼓励他："如果你总是以他人的成绩来衡量自己，你终生也不过只是一个'追逐者'。奔驰的骏马尽管在开始的时候总是呼啸在前，但最终抵达目的地的，却往往是懂得勤奋、充满耐心和毅力的骆驼。"

就这样，汤姆不再为自己的不足而感到自卑，而是想方设法让自己不断进步。

但聪明的约翰自诩是个聪明人，从不想着突破自己，让自己获得进步。结果，他一生业绩平平，没能成就什么大事。而自觉很笨的汤姆却从各个方面充实自己，一点点地超越着自我，最终成就了非凡的业绩。

约翰愤愤不平，以至郁郁而终。他的灵魂来到了天堂后，就质问起上帝："我的聪明才智远远超过了汤姆，我应该比他更伟大才是，可为什么你却让他成了人间的卓越者呢？"上帝笑了笑说："可怜的约翰啊，你至死都没能弄明白：我把每个人送到世上时，在他的生命里都放了同样的东西，只不过我把你的聪明放在了前面，你因为看到或是触摸到自己的聪明而沾沾自喜，以至误了你的终生。而汤姆的聪明却放在了后面，他因看不到自己的聪明，总是在仰头看着前方，所以，他一生都在不自觉地迈步向前！"

一个人如果永远抱着"自己的能力有限""不可能突破自己"的想法，那么他将永远不能进步，更不用说实现自己的梦想，达到自己期望的目标了。越是勤奋的人，越能深刻了解自己的内心，他们会抛弃所有对自己的禁锢，想着再努力一点，再坚持一下，自己就能够超越之前自己的水平，创造一个新的“纪录”，哪怕只是前进了一小步，也是对自己莫大的鼓励。

在1985年的美国职业篮球联赛中，洛杉矶湖人队靠着各位球员已达顶峰的球技，赢得冠军可以说是唾手可得。但是在决赛时，却意外地输给了波士顿的凯尔特人队，这让教练派特雷利和所有的球员都极为沮丧。

派特雷利是湖人队以年薪120万美元聘请来的教练，他绝不会让自己和球员一直在沮丧中停滞不前。为了让球员重振信心，他告诉大家说：“从今天开始，我们可不可以罚篮进步一点点，传球进步一点点，抢断进步一点点，篮板进步一点点，远投进步一点点，每个方面都能进步一点点？”球员不假思索地答应了他的要求。在之后一年的训练中，球员始终抱着让自己“进步一点点”的精神，不断地提高自己的球技。

终于，在1986年美国职业篮球联赛中，湖人队不负众望，轻而易举地夺得了冠军。派特雷利在获得冠军的时候，对球员们说：“我们的成功不是偶然的，试想，我们12位球员一年中在5个技术环节方面分别进步了1%，所以一个球员进步了5%，全队就进步了60%，在球技上处于巅峰的湖人队，提升了60%，甚至更高，所以我们获得出人意料的成绩是理所当然的。”

是的，每天进步一点点，一年就会进步一大截。当你每天都在进步时，你就会发现自己的潜能在不断地被激发出来，你会发现自己的水平也在不断提高，做起事来，也能变得左右逢源、得心应手。所以，每天只需进步一点点，让我们在不断的突破中造就属于自己的精彩人生！

如何让自己勤奋学习

勤奋与懒惰就像一对孪生兄弟，会时刻伴随在你的身边。每个人都有勤奋的一面，也有懒惰的一面。之所以说一个人勤奋，是因为在做某些事情时他的表现是勤奋大于懒惰；反之亦然。人的一生就是在勤奋与懒惰的斗争中度过的。古人云：勤能补拙。这就是说凡事只要刻苦努力，没有办不到的。勤奋应该是我们努力追求的方向和目标。只有勤奋努力，懒惰才会退缩，这样我们才能成功。

那么，我们应该如何培养自己勤奋学习的能力呢？

1. 合理安排时间

懒惰通常和散漫是分不开的。我们要养成有规律的生活和学习习惯，将每天的学习时间安排得明确而具体，在日常生活中做个井然有序的人，今日事今日毕，改掉拖拉的坏习惯。

2. 激发学习兴趣

兴趣是最好的老师。兴趣是勤奋的动力，当你对某件事情着迷的时候，你就会投入你全部的精力，而且还乐此不疲。你需要做的就是激发出自己的学习兴趣，然后不断地调节自己的新鲜感，让学习的兴趣一直持续下去。

3. 独立解决问题

要培养自己独立解决问题的能力，遇到什么事情，都尽量先自己解决。这样既可以培养自己的独立性，通过自己的努力，即使经过各种挫折，最后完成了，也是对自己莫大的鼓励，对自己成就感的树立有很大的帮助。如果凡事都依赖他人来帮助自己解决，就会不断滋生出自己的懒惰心理，勤奋的小精灵就会被懒惰的小精灵赶走。

4. 培养勤奋作风

懒惰是一种不良的行为习惯，也反映了一个人对生活、对学习的一种态度和观念。所以，我们要认识到勤奋是人不可缺少的美德。勤奋可以改进自己的学业，勤奋可以使人事业成功、生活幸福。勤奋的人比懒惰的人有更多的人生乐趣。

5. 要保持乐观的心态

人的一生肯定会遇到各种挫折，在学习中也不例外。在遇到挫折时，我们一定要让自己保持乐观的心态，对自己说“没什么大不了的”，然后冷静地去查找问题出在哪里，解决的方法有哪些，下次再遇到类似的问题应该如何应对。通过不断的练习这个过程，能让你遇事不惊慌，从而更加相信自己，让自己变得更加强大。

6. 学会肯定自己

勇敢地把不足变为勤奋的动力。学习、劳动时都要全身心投入，争取最满意的结果。无论结果如何，都要看到自己努力的一面，要相信自己一定能做得很好，肯定自己的努力。如果改变方法也不能很好地完成，说明或是技巧不熟，或是还需完善其中某方面的学习。但请你相信，扎实的学习最终会让你获得成功。

没有勤奋，天才也会变得平庸；有了勤奋，平庸的人也可以变成天才。只要你以绝对的自信、坚强的毅力、乐观的心态，脚踏实地地努力实践下去，那么，灿烂的未来终将是属于你的！

第四章

自信，让你活出不平凡的自己

哈佛大学第 28 任校长德鲁 · 福斯特说：“没有谁比我们更好，我们永远名列前茅。”正是因为哈佛人拥有那种发自内心深处满满的骄傲与自信，使得他们不畏艰难险阻，取得了一个又一个的成功和辉煌。

自信帮你赢得一切

> **玛克西姆·高尔基**
> **苏联著名作家、诗人**
> 只有满怀自信的人，才能在任何地方都怀有自信沉浸在生活中，并实现自己的意志。

俗话说："这个世界是由自信创造出来的。"没错，力量是成功之本，自信是力量之源。自信在我们的学习、工作、生活中有着巨大的推动力。自信是人生不可缺少的动力。如果没有自信，成功将远在天涯；拥有自信，那么你已成功了一半。

很多实例证明：只要我们对自己有信心，并努力拼搏，就没有什么做不成的事情。所以我们要记住，一个人有多大的自信，他发挥优势的能量就会有多大。

居里夫人也曾说过："我们应该有恒心，尤其是要有自信心。"自信是一种很强大的内在力量，它能够帮助你战胜各种艰难困苦，它能帮你赢得一切。

海伦·凯勒，美国女学者，生于亚拉巴马州的小镇塔斯康比亚，一岁半时突患急病，致其失去了视力和听力。在如此难以想象的生命逆境中，她踏上了漫漫的人生旅途……

人们说海伦是带着好学和自信的气质来到人间的，尽管命运对幼小的海伦是如此的不公，但在她的启蒙教师安妮·莎利文的帮助下，顽强的海伦学会了写，学会了说。小海伦曾自信地说过："有朝一日，我要上大学读书！我要去哈佛大学！"

这一天终于来了。哈佛大学拉德克利夫女子学院以特殊方式安排她进行入学考试。只见她用手在凸起的盲文上熟练地摸来摸去，然后用打字机回答问题。经历了 9 个小时之久的考试，她的各科成绩全部通过，英文和德文还获得了优等成绩。4 年后，海伦手捧羊皮纸证书，以优异的成绩从拉德克利夫学院毕业。

海伦热爱生活，她一生致力于盲聋人的福利事业和教育事业，赢得了世界舆论的赞扬。她先后完成了《我生活的故事》等 14 部著作，产生了世界范围的影响，她那自尊自信的品德，她那不屈不挠的奋斗精神被誉为人类永恒的骄傲。

若没有强烈的与命运挑战的勇气和自信心，又盲又聋的海伦是不可能成长为受世人赞誉的学者的。自信可以推动你去做别人认为不可能完成的事情，它能使你的一切成为可能。

人生会面对一个又一个的挑战，我们该如何迎接挑战？当然，我们不能畏首畏尾，一味退缩。我们要勇敢地知难而上，并最终战胜它。在挑战面前，首先要肯定自己，肯定就是力量，就是对自己充满信心；自信可以促使人自强不息，发掘出我们深藏于内心的自我潜能。

一个人在与他人较量时失败了，其原因并不一定是技不如人，导致他失败的真正原因很可能是自己的不自信，比赛还未开始，就先被自己给打败了。让我们来看看美国总统尼克松，他就是因为一个缺乏自信的错误而毁掉了自己的政治前程。

尼克松是第一位访华的美国总统，是他打开了中美外交的大门，为中美正式建交做出了巨大贡献。而他却因为水门事件被迫下台。

1972 年，尼克松竞选连任。由于他在第一任期内政绩斐然，所以大多数政治评论家都预测尼克松将以绝对优势获得胜利。

然而，尼克松本人却很不自信，他走不出过去几次失败的心理阴影，极度担心再次出现失败。在这种潜意识的驱使下，他鬼使神差地干出了令自己后悔终生的蠢事。他指派手下的人潜入竞选对手总部的水门饭店，在对手的办公室里安装了窃听器。事发之后，他又连连阻止调查，推卸责任，在选举胜利后不久便被迫辞职。本来稳操胜券的尼克松，因缺乏自信而导致惨败。

尼克松是有能力的，但就是因为不自信，让自己最终落得一败涂地的下场。如果他足够自信，美国的那段历史将会被重写。所以，成功路上，相信自己才是王道。

德国精神学家林德曼曾用他独自驾小舟横渡大西洋的实验证明：一个人只要对自己充满信心，就能保持精神与肌体的健康。他的信心，使他战胜了死亡的威胁，一往无前。

“天生我材必有用”，千万不要妄自菲薄，要相信自己。哈佛学子、成功学导师艾默生曾说过：“相信自己能，便会攻无不克。”“我能”，所以“我必赢”。如果你真的想超越目前的成就，那么在做任何事之前，先提升对自己的信任。一个人只有自信地活着才能不断地突破自己，才会有所成就。

千万别怀疑自己

> 奥诺雷·德·巴尔扎克
> 法国小说家
> 发明家全靠一股了不起的信心支持，才有勇气在不可知的天地中前行。

众所周知，自信是成功的秘诀。虽然姣好的相貌、高水平的智力以及各种资格证书都能增加你的筹码，但是很多成功者最伟大的“资产”就是他们有着无与伦比的自信。然而，不幸的是，很多人都不具备这种强大的能力。他们常常怀疑自己，缺乏自信、不确定自己是否能取得好成绩或成功。

哈佛人认为，一个人缺乏自信，是因为他只看到了自己的失败之处，并将全部的注意力都集中于此，故而他们忘记了“人无完人，即使是充满自信的成功者也会有出错的时候”。充满自信的人和缺乏自信的人的最大区别就在于他们看待问题的方式不同：自信的人，总喜欢看到光明的一面，而不自信的人，总喜欢看到黑暗的一面。

因为缺乏自信，所以害怕失败，做事畏首畏尾，最终碌碌一生。

有一天，爱兰妮带着 8 岁的小女儿科特去游泳，当科特游得筋疲力尽，离池边不过十几米的距离时，叫爱兰妮把救生圈抛给她，爱兰妮说：“你最好坚持一下……你完全可以不用救生圈的！我相信你！”科特却再次恳求妈妈把救生圈给她。“我不会把救生圈给你！现在没人可以帮你，要想上岸除非自己游过来！”科特没有办法，她甚至在水里沉了一下，好像还呛了几口水，但最终还是游到了游泳池边，吃力地爬了上来。科特对她妈妈的行为感到非常生气。

她那生气的样子，让爱兰妮想起了十几年前的自己，那时爱兰妮的爸爸带她们几个女孩一起去登山，说好了谁最后一个到达终点，谁就去捡木柴。爱兰妮爬得筋疲力尽时，看到前面有一块巨石，爱兰妮翻不过去，她只好向刚好路过的爸爸求助，但爸爸说：“登山是你自己的事，我如果帮你，这对别人不公平。”说完，爸爸走了，结果爱兰妮是最后一个到达山顶的。晚上爱兰妮害怕黑想让爸爸和她一起捡木柴，爸爸说：“这件事你最好自己去做，没人会帮你的……千万不要怀疑自己的能力，特别是在关键的时候，一定不要指望谁会帮助你，你要做的是对自己说：‘我能行！’

你必须自信，这很重要。”对于爸爸的一番说教，爱兰妮根本不以为然。直到有一次学校开运动会，爱兰妮快到终点，觉得自己已经没有力气时。想起那次登山爸爸说的话，身上有了无穷的力量，最后爱兰妮获得了第一名。

想到这里，爱兰妮问科特：“你昨天游了多少米？”“20 米。”“那今天呢？游了有 30 米吧？”“估计差不多，好像距离长了一些。”“假如我给了你救生圈，你还会有今天的成绩吗？恐怕不会了吧？”科特低着头没有吭声，但看上去已经没有刚才那么生气了。

生活中有太多的例子向我们证明了有很多人即使他们是多么想成功，但是因为缺乏自信，最后也只能以失败而告终。还有一些人是因为自卑，所以怀疑自己。看别人全身上下都散发着闪光点，不仅学习成绩优异，还是体育全能冠军，更是老师眼中的宠儿。反观自己，却各方面都不如别人，从而产生怀疑，否定自己。

俞敏洪曾经说过：“当你是地平线上的一棵小草的时候，你有什么理由要求别人在遥远的地方就看见你？即使走近你了，别人也可能会不看你，甚至会无意中一脚把你这棵草踩在脚底下，正所谓‘草色遥看近却无’。如果你想要别人注意你，就必须把自己打扮成地平线上的一棵大树。”

其实，很多人本来都具有很强的能力，但他们总是怀疑自己，总是想得到别人的帮助，这是一个很不好的习惯，这只会让你变得更加不自信。拿破仑曾说过这么一句话：“不想当将军的士兵不是好士兵。”如果你想要成功，就必须要有强烈的成功欲望，那是一种绝对自信的力量：你不是想要成功，而是一定能成功。因为每个人的潜能都是深不可测的，不要随意就否定自己、怀疑自己。在关键时刻，我们最需要的是这样一句话：是的，我能行！我一定能成功！

找回战胜挫折的自信

> 培尔辛
> 英国文学家
> 除了人格以外，人生最大的损失，莫过于失掉自信心了。

漫长的人生不可能是一帆风顺的。有一位知名作家曾说过："生活对任何人来说都绝非易事。"在生活中，我们每个人都会遭遇各种各样的挫折，很少有人能轻而易举地就实现自己的目标。即使是那些成功人士，他们背后也可能经历过无数次的失败。

挫折和失败并不可怕，可怕的是在数次的打击下，很多人渐渐被磨掉了棱角，曾经的初生牛犊不怕虎，到后来的做事畏首畏尾，对自己失去信心。选择接受现实，从此一蹶不振，更有甚者想不开，选择结束自己年轻的生命。洛克菲勒说："每个人都有失去自信，怀疑自己能力的时候，尤其是在逆境中的时候。但真正懂得行动艺术的人，却可以用坚强的毅力克服它，会告诉自己每个人都有失败的时候，有失败得很惨的时候，会告诉自己不论事前做了多少准备、思考多久，真正着手做的时候，都难免会犯错误。然而，被动的人，并不把失败视为学习和成长的机会，却总在告诫自己：或许我真的不行了，以致失去了积极参与未来的行动。"

1832 年，林肯失业了，这显然使他很伤心，但他下定决心要当政治家，当州议员。糟糕的是，他竞选失败了。在一年里遭受两次打击，这对他来说无疑是痛苦的。

于是，林肯开始着手自己开办企业。可是这家企业没坚持到一年就倒闭了。为此林肯还背上了巨额债务，在以后的 17 年间，他不得不四处奔波去偿还自己的债务。

后来，林肯决定再一次参加竞选州议员，这一次他成功了。他内心萌发了一丝希望，认为自己的生活有了转机：可能我可以成功了！

1835 年，林肯订婚了。但在离他结婚的日子还差几个月的时候，未婚妻又不幸去世。这个打击实在是太大了，心力交瘁的他病倒了数月。

1838 年，经过一段时间的休养，林肯决定竞选州议会议长，可事与愿违，他又一次失败了。1843 年，他又参加竞选美国国会议员，但这次仍然没有成功。

林肯一次次地尝试，却是一次次地遭受失败。但是越挫越勇的他没有放弃，没有认输，更没有因此颓废，而是选择继续相信自己，继续努力。

他的坚持没有白费。1846 年，他当选了国会议员。

1854年，他竞选参议员，但是失败了；两年后他竞选美国副总统提名，结果被对手击败；又过了两年，他再一次竞选参议员，还是失败了。

林肯一直没有放弃自己的追求，他一直在做自己生活的主宰。1860年，他终于当选为美国总统。

林肯就是那个在遭遇了100次挫折后，还有101个自信去迎接第101次成功的人。

大兴安岭火灾后，被烤得焦黑的树干被林业专家判了死刑。谁料到，第二年春天一到，所有的树干却又全部绽出新芽，火灾的灰烬，成了孕育新枝的肥料。在遇到挫折后，勇敢地战胜它，我们才能在绝望中看到希望，从而焕发出新的生命。

张海迪自幼就严重高位截瘫，几次濒临死亡边缘，身体可算弱的了。可是这些年来，她学会了4门外语，翻译了16万多字的外文著作，获得了哲学硕士学位，并自学了针灸技术，为群众治病，做出了巨大的贡献。挫折挡不住生活中的强者。

破茧方可化蝶，如果没有经历过破茧之痛，又怎能幻化成曼妙的蝴蝶呢？我们的成长亦是如此，不经历风雨怎能见彩虹，不经历苦痛怎能真正成长。

贝多芬说：“要在挫折面前扼住命运的喉咙，挫折会使你自信起来。”

只要我们充分相信自己，坚信挫折和失败是暂时的，以永不言败的自信精神继续拼搏，就能等到云开雾散的那一天。当然，战胜挫折的过程也是让我们恢复的过程，不断有所领悟的过程，它会让我们变得更加自信，更加强大。

如何获得自信的力量

美国作家爱默生说："自信是成功的第一秘诀。"可以说，有了自信就相当于成功了一半，拥有自信就拥有了无限机会。那么，我们应该如何增强自信呢？

1. 改变自己的姿势

感觉自己不自信？一秒钟让你自信起来。请你抬头、挺胸、收腹，并坚持着，是不是感觉自信多了？抬头挺胸表现了一个人的精神、魄力以及面对现实、迎向战斗的勇气。而且形体的自信会强化自己的语言自信，也能帮助你建立良好的自我感觉，更加满怀信心。如果你不自信，就请从抬头挺胸开始吧。

2. 关注自己的优点

仔细想想自己身上有什么样的优点，然后请在纸上罗列出至少十个自己的优点。无论在开始做什么事情时，回顾一下你的哪些优点对做这些事情有优势，并不断地强化它。这样做能提升你从事这些活动的自信，从而取得很好的效果。

3. 与自信的人多接触

俗话说："近朱者赤，近墨者黑。"生活中，我们会在不经意间接受来自周围的人的一些潜移默化的影响，从而不知不觉地改变了自己的品行。如果你经常和自信的人在一起，耳濡目染，你也会受到他们的影响，从而变得自信起来，做什么事情也都会变得很有自信。

4. 自我心理暗示

心理学上有一个词，叫作"自我预言的实现"。我们要经常对自己进行正面的心理强化，想象自己就是一个很有自信的人，一旦自己有所进步就对自己说"我能行""我很棒""我能做得更好"等带有正能量的话语，这对于不断提升我们的自信心是非常有帮助的。

5. 不可谦虚过度

中国人讲究做人要谦虚。谦虚是不可少的品德，但不可过度谦虚。过分地贬低自己对自信心的培养是极为不利的。

6. 学会微笑

微笑能战胜恐惧、赶走忧虑，给人带来自信和勇气，它是治疗"信心衰弱症"的最佳药方。微笑吧，它是上天赐予你的天赋。发自内心的微笑，会让你整个人感到轻松、舒畅，并充满能量。

7. 扬长避短

要想获得自信，就要先获得满足感，让自己觉得自己很行。这是最基本的。因此，你要好好地利用自己的长处，尽量发挥自己的长处。要多做，只有这样才能尽可能地品尝到成功时的满足感，然后你才能不断地增强自信。

8. 阅读名人传记

很多知名人士在成名之前的自身资质、外部环境通常都不是太好，多看一些这方面的书将有助于提升你的自信心。

9. 做好充分准备

从事某项活动前如果能做好充分准备，那么，在从事这项活动时，必然会较为自信，而且这样会有利于顺利完成活动并增强整体自信心。比如，要参加演讲比赛，首先要熟记演讲的内容，其次在镜子面前多练习几次，注意自己的表情动作，以及和听众的互动等，最后最好能找几个家庭成员听你演练一遍，然后提出他们的意见。这样你在参加正式的比赛时会信心百倍。

10. 给自己制定恰当的目标

一定要给自己制定恰当的目标。所谓的恰当就是你努力蹦一蹦，就能碰到的目标。在目标达成后，再制定更高一点的目标。目标不能定得太高，否则不易达到，如果达不到，对自信心会有所破坏。

自信是成功的第一要诀，自信是一种独特的力量，让我们有信心前行。有志于成功的年轻朋友们，让我们怀着勇敢自信的心去谱写未来属于我们的美好人生吧！

第五章

比汗水更重要的是思考的智慧

三百多年来，哈佛大学之所以能先后培养出无数的财富精英和商业巨子，很重要的一点是哈佛教会了他们思考，哈佛人喜欢用不断思考来取得智慧、力量以及财富。要想成功，变得卓越，请开动脑筋，要知道，比汗水更重要的是思考的智慧。

一天的思考胜过一周的蛮干

诺曼·卡曾斯
把时间用在思考上是最能节省时间的事情。

哈佛有句谚语："一天的思考胜过一周的蛮干。"如果一个人只会低头蛮干，而不懂得如何思考，那么即使再勤奋，他也无法取得成功。

人类之所以进步，是因为人们总是善于思考，善于总结成功的经验和失败的教训。同样的起点，同样的环境和师资力量，有些学生学得快，进步得也快，正是因为他们更加善于思考。与其埋头苦读、死记硬背地用一周时间去"蛮干"，不如静下心来好好地整理知识结构、重点要点等，让自己能快速掌握所学知识的"思考"。诚然，拥有一个会思考的大脑，会让你达到事半功倍的效果。

有一家效益相当好的大公司，决定进一步扩大公司的经营规模，于是高薪招聘营销人员。广告一打出来，报名者云集。

面对众多的应聘者，招聘工作的负责人说：“相马不如赛马。为了能选拔出高素质的营销人员，我们决定给你们出一道实践题——想办法把木梳尽量多地卖给和尚。”

绝大多数应聘者感到困惑不解：出家人剃度为僧，要木梳有何用？岂不是神经错乱，拿人开涮？过一会儿，应聘者接连拂袖而去，几乎散尽。最后只剩下三个应聘者。

负责人对剩下的三个应聘者说：“以10日为限，届时请各位将销售成果向我汇报。”

10日期限已到。负责人问第一个人：“你卖了多少?”第一个人答道：“一把。”负责人又问道：“怎么卖的?”第一个人就讲述了历经的辛苦，以及受到众和尚的指责和追打的委屈。好在下山途中遇到一个小和尚一边晒太阳，一边使劲挠着又脏又厚的头皮。于是他灵机一动，赶忙递上了木梳，小和尚用后满心欢喜，便买下了一把。负责人又问第二个人：“你卖了多少?”第二个人答道：“10把。”“怎么卖的?”第二个人说他去了一座名山古寺。由于山高风大，进香者的头发都被吹乱了。他便找到了住持，对他说：“蓬头垢面是对佛的不敬。应在每座庙的香案前放把木梳，以供善男信女梳理鬓发。”住持采纳了他的建议。那山共有10座庙，于是便买下了10把木梳。

负责人又问第三个人：“卖出多少?”第三个人答道：“1000把。”负责人惊问道：“怎么卖的?”他说他到一个颇具盛名、香火极旺的深山宝刹，朝圣者如云，施主络绎不绝。他对住持说：“凡来进香朝拜者，多有一颗虔诚之心，宝刹应有所回赠，以做纪念，保佑其平安吉祥，鼓励其多做善事。我有一批木梳，久闻主持书法超群，可在木梳上刻上‘积善梳’三个字，然后便可作为赠品赠给进香者。”住持大喜，立即买下了1000把木梳，并请他小住几天，共同出席了首次赠送“积善梳”的仪式。得到“积善梳”的施主与香客，很是高兴，一传十，十传百，朝圣者更多，香火也更旺。后来，住持还要求再多买一些不同档次的木梳，以便分层次地赠给各类型的施主与香客。

第一个人不懂得去思考如何卖掉更多的梳子，所以在历尽千辛万苦，遭遇到各种指责，才卖出区区一把梳子。而第三个人懂得运用思考的智慧，从而取得了更好的业绩。为什么那么多人还一事无成？是的，因为他们不懂得思考。

“头脑不用也会生锈，经常思考才会反应敏捷。”伟大的发明家爱迪生如是说，“如果思考能得到应有的重视，每个人该取得多少进步，多大的成功啊！不能下决心培养自己爱思考习惯的人，失去的将是人生最大的乐趣。”

三百多年来，哈佛大学之所以能先后培养出无数的财富精英和商业巨子，很重要的一点是，哈佛教会了他们思考，哈佛人喜欢用不断思考来取得智慧、力量以及财富，而且他们的思考是全面的、长远的。

然而相对于很多普通人来说，他们往往只看眼前，并不会想太多。就如同解一道奥数题，大部分人都会想的是标准答案是什么？真正会思考的人就会想，这道题的出题点是什么，考哪部分的知识，有几种解题思路，哪种解题方法最简单，如何举一反三，等等。如果以这样的方式去思考，学起来远比题海战术有效得多。

其实当你想得多了，经历得多了，脑袋里的方法自然也就多了。如果你一直都没有经历过某些事情，没有经受过磨炼，那么说了也是白说，因为你压根就不知道它是什么？如此一遇到事情便开始自乱阵脚，眉毛胡子一把抓，做起事来事倍功半不说，有时可能直接就是背道而驰。

如果你不想成为普通的大多数，那就试着多思考吧，不断提高我们的思维深度和思维宽度，总有一天，你会发现思考带给你的无限惊喜。

像成功者一样思考：成功，并不遥远

> **弗吉尼亚·约翰逊**
> **哈佛教授**
> 我们必须时时进行思考。只有深思熟虑，才能战胜愚昧，在积极的思考中面对未来。

有句话说得很好：所有的努力一定都会有结果，但不是所有的努力一定都有好结果，不过可以肯定的是，不努力就一定没有好结果。当然，我们都希望自己的付出会有好的结果，能够获得成功，如果我们真的想要和成功结缘，就必须拥有成功者的思维方式——像成功者一样思考。

哈佛大学这个造就了无数精英的常青藤大学，就非常注重学生思考方式的培养，它时常教导学生说：想钓鱼，就要像鱼儿那样思考；想成功，就要像成功者那样思考。成功者往往喜欢用最积极的思考、最乐观的精神和最辉煌的经验支配和控制自己的人生。

著名的军事家拿破仑·波拿巴在一次与敌军作战时，遭到了敌军顽强的抵抗，眼看着自己的队伍损失惨重，形势变得异常危险。然而就在此时，拿破仑因一时不慎掉入了泥潭中。挣扎着起来的他被弄得满身泥巴，狼狈不堪。

但此时的拿破仑浑然不顾，因为他心中只有一个信念，那就是无论如何也要打赢这场战斗。只听他冲着敌军大吼一声，"冲啊!"他手下的士兵见到他那副滑稽的模样，忍不住都哈哈大笑起来，与此同时也被拿破仑乐观自信的精神所鼓舞。一时间，战士们群情激昂，像下山的猛虎一般冲向敌人，奋力拼杀，终于取得了战斗最后的胜利。

世界上最悲伤的语句莫过于"早知如此"！一个人要想不付出任何代价就有能力预知未来，不冒任何风险而获利，不面对任何危险而有所体验，或不做任何事情而得到报酬，这些都是不可能的事。

唐骏说："我的成功可以复制。"但其实，每个成功者在去讲自己的成功时都会有不同的成长，不同的经历。世界上只有一个阿里巴巴，一个马云，他人的成功是不可以被模仿和复制的。但是成功者的思考方式、观念是可以复制、学习的。在成功之前，他们就不断地用成功者的方式去思考，包括心酸和痛苦的奋斗历程以及宏伟的目标。成功者已经用他们的成长经历告诉你：他们在遇到问题时的思考方式，在遇到挫折时的心路历程，他们的脑袋决定了他们事业上的成功。他们为你树立了高大而充满光辉的榜样，可以让你站在他们这些巨人的肩膀上，像成功者一样思考，然后敢想、敢干，那么成功就会变得不那么遥不可及。

英国著名的科学家弗朗西斯·培根曾说过："用伟人的事迹来激励孩子，远胜于一切教育。"大多数有志之士都喜欢以名人为榜样，最终获得了成功。

美国成功学大师卡耐基一直将林肯总统视为"偶像"，学习林肯的生活经验和奋斗精神，像林肯一样思考人生道路，培养自己战胜困难、走向成功的勇气。卡耐基经过长时间的研究、观察和领悟，写成了一本厚厚的《林肯传记》，书中洋溢着浓浓的崇拜之情。在卡耐基的成功课程中，他也曾多次提到林肯的故事，仿佛林肯就是他的一面镜子，在林肯的影响下，卡耐基不断成长直到成为美国很有影响力的成功学大师。

比尔·盖茨是一个成功的商人，更是一个助人为乐的慈善家，因为他受到了约翰·戴维森·洛克菲勒的影响。从19世纪90年代开始，洛克菲勒每年捐献的钱数都超过100万美元。1913年，他还设立了"洛克菲勒基金会"，专门负责捐款工作。以他的名字命名的基金会培养了3个国务卿、12个诺贝尔医学奖获得者和众多的科学家。洛克菲勒成立的庞大国际性基金会致力于消灭全世界各地的疾病、文盲，他成了比尔·盖茨的榜样。

如果你想成功，那么请你以成功者为榜样，像他们一样思考，揣摩他们的心思，学习他们处理问题的方式、方法。我相信，不久的将来你将是下一个成功者。

不断思考才能变得卓越

> 阿尔伯特·爱因斯坦
> 著名物理学家
> 学习知识要善于思考，思考，再思考。

孔子说："学而不思则罔，思而不学则殆。"一个人一旦没有了思考，那就像是没有了灵魂。

很多人都不善于思考，他们习惯了依赖他人，一旦遇到问题或困难，首先就会选择求助他人，或直接在书里或电脑上去寻求答案，习惯了人云亦云，遗忘了甚至放弃了自己的思考。

哈佛教授罗宾·布拉特曾说过："很多失败，就是不勤于思考的必然结果，探索未知的领域，不善于思考是很可怕的。"

一个年轻的研究生，他非常勤奋，每天跟着著名的现代原子物理学的奠基人卢瑟福教授搞研究。

一天深夜，卢瑟福教授走进自己的实验室，看见这个研究生仍勤奋地在实验台前忙碌着。

卢瑟福关心地问道："这么晚了你还在做什么？"

研究生回答道："我在工作。"

"那你白天做什么了？"

"我也在工作。"

"那你是一整天都在工作吗？"

"是的，导师。"研究生谦恭地说道，似乎还期待着卢瑟福的赞许。

卢瑟福稍稍想了一下，然后说道："你很勤奋，整天都在工作，这自然很难得，可我不能不问你，你用什么时间来思考呢？"卢瑟福对勤奋的质疑，使这名研究生明白了思考的重要性。

在学习的过程中，我们不仅要勤奋学习还要懂得思考。著名的经济学家张五常说，他在大学念书的时候，从来就不缺课。即使所有的科目都考过了，他还会转作旁听生去听老师讲课。有一次老师问他："你都旁听了我六个学期的课了，难道我所讲的经济学你还未学完吗？"他回答道："你的经济学我早就从你的著作中学会了，我听你的课与经济学无关——我要学的是你思考的方法。"

美国重视精英教育，哈佛就是精英的著名输出地。哈佛大学有一句名言："教育的真正目的就是让人不断地提出问题、思考问题。"在这个汇聚了全国各地最优秀的勤奋者的地方，时刻都充满着思考。经研究表明，越是卓越的人越喜欢思考、勤于思考，因为他们知道只有不断地思考，才能不断地发现问题，这样才会进步，从而让自己变得更加卓越。

小泽征尔是世界著名的交响乐指挥家。在一次世界优秀指挥家大赛的决赛中，他按照评委会给的乐谱指挥演奏，然而拥有敏锐的耳朵的他很快发现了不和谐的声音。起初，他以为是乐队演奏出了错，就要求大家停下来重新演奏，但还是不对。

小泽征尔再一次要求乐队停下来。这时，他发现是乐谱有问题，于是他向评委们提出了这个疑义。然而在场的作曲家和评委会的权威人士坚持说乐谱绝对没有问题，是他错了。面对一大批音乐大师和权威人士，他思考再三，最后斩钉截铁地大声说："不！一定是乐谱错了！"话音刚落，评委席上的评委们立即站起来，报以热烈的掌声，祝贺他成为本次大赛的冠军。

原来，这是评委们精心设计的"圈套"，以此来检验指挥家在指挥时是否能主动思考，从而发现乐谱错误，并在遭到权威人士"否定"的情况下，能否坚持自己的正确主张。显然，这位有自己思想的忠实于音乐的指挥家赢得了最终的殊荣。

哈佛的校训是"以柏拉图为友，以亚里士多德为友，更要与真理为友"。它就是在告诉哈佛的莘莘学子，只有拥有强大的思维能力才是哈佛人最高的特质，是哈佛人之所以成为哈佛人的依据。

能够主宰世界的人不是靠武力而是靠智商、能力，而这样的人首先是能够独立思考的人。只有不断思考的人，才不会被社会淘汰，才能不断地进步。我思故我在，思考将决定我们的未来。所以，让我们保持旺盛的思考力，大胆思考吧！

如何培养独立思考的能力

现如今，很多青少年都习惯了依赖老师，一天到晚只知道学习，死记硬背，以应试为目的只去寻求一个标准答案，思想僵化刻板，最终把自己“培养”成为一个不会独立思考的人，凡事只会人云亦云。

然而，思考是极其重要的。一个人，只有具备了独立思考的能力，才能在遇到问题时找到正确的答案，才能正确地认识世界，从而实现自己的个人价值和理想。那么，如何才能培养我们独立思考的能力呢？

1. 要放弃依赖心理

当你遇到困难或问题时，首先你要学会放弃自己的依赖心理，不要想着直接去问老师，或是直接通过电脑及书本去寻找你的答案。你可以先让自己思考一下，尽量多一些时间给自己来独立思考，然后再去验证你的思考是否正确，从而训练自己独立思考的能力。如果你直接去寻求最终答案，不但无利于你的思考，而且也很容易忘记答案，因为那不是通过你的思考、你的努力得来的。

2. 学会去寻找不同的答案，懂得举一反三

比如你现在正在解一道数学题，当你找到一个答案时，你是会选择高兴地将答案写好，然后直接进行下一题，还是会选择再去多想几种解题思路，做到举一反三呢？我想很多人会直接选择前者。其实，当你选择后者时，你已经在摒弃你的惯性思维，从另一个角度看问题，让你的脑子开始活起来，在你下一次遇到这类型的问题时，就能彻底吃透它们所要考查你的知识点。

3. 练习自己的质疑能力，敢于向权威挑战

你可以尝试养成本能地质疑习惯性观点的习惯。千万不要认为那些“真理”是不证自明的，也不要觉得老师或书本里说得都对，只有当自己确信在逻辑的后面还有事实来支持它们之后，再做出自己的判断。孟子就曾说过：“尽信书，则不如无书。”说的就是让我们不能盲目地迷信书本上的知识，要敢于质疑，有自己的分辨和判别。

4. 每天为思考留一点时间

苏霍姆林斯基指出：“学生的学习被各种学校功课塞得越满，给他留下的供他思考与学习有关的东西的时间越少，那么他负担过重、学业落后的可能性越大。”所以，我们一定要每天给自己预留一部分的时间来思考，磨刀不误砍柴工，你独立思考的能力提高了，成绩自然而然就会提高了。所以，让独立思考成为自己的一种习惯吧！这样的你将成为一个理性的人，成为一个有独立思想和获得真知的人，从而成为一个幸福的人，这就是独立思考能够带给你的好处。

5. 将自己置于与自己现有观点矛盾的主张中

不要总想着用一个新的习惯思维去替换旧的习惯思维，这就好比让你接受一个装着思想的新火车去摒弃习惯性思考的铁路。其实，每个人都可以允许自己的脑海里存在不同的观点及主张。当你将自己置于与自己现有观点矛盾的主张中，其实你是在多元的思考中。通过不断练习，你将能够从多方位来考虑问题，而不至于使自己陷入一种想法走到底，撞了南墙才罢休的境地。

第六章

兴趣，永远是最好的老师

比尔·盖茨说：“人生中最重要的那把钥匙是兴趣，因为在我们最感兴趣的事物上，隐藏着我们人生的秘密，这个秘密就是——兴趣是打开财富、幸福、荣誉和成功的钥匙。”所以，请听从内心的召唤，从最感兴趣的事情下手吧！

兴趣将引领你成功

> 威廉·莎士比亚
> 英国著名文学家
> 学问必须合乎自己的兴趣，方才可以得益。

爱因斯坦说：“兴趣是最好的老师。”比尔·盖茨也曾告诉我们，人生中最重要的那把钥匙是兴趣，因为在我们最感兴趣的事物上，隐藏着我们人生的秘密，这个秘密就是——兴趣，它是打开财富、幸福、荣誉和成功的钥匙。

一个人，当他对某件事物产生了兴趣，就有可能将它做得最好。兴趣，就是每当你做一件事情时，你很喜欢做，而且在做的过程中，你会有很轻松、很投入和想永无止境地做下去的感觉。

有关数据表明，当你的兴趣与目标相匹配，那么你个人的潜能就能达到70％～80％；反之，只能达到20％～30％。也就是说，当你找到二者的契合点时，你就能达到聚精会神、忘我的状态，从而最大限度地发挥出你的潜能。回想历史上大多数的成功人士，你会发现他们有一个共同点，那就是他们对自己所做的事情有着狂热且执着的兴趣，当然，这也是他们实现目标的不二法门。

陈景润，一位家喻户晓的数学家，在攻克哥德巴赫猜想方面做出了重大贡献，创立了著名的“陈氏定理”。有许多人都亲切地称他为“数学王子”。其实，他的成就就是源于对数学的兴趣。

1937年，勤奋的陈景润考上了福州英华书院，此时正值抗日战争时期，清华大学航空工程系主任、留英博士沈元教授回福建奔丧，不想因战事被迫滞留家乡。几所大学得知消息，都想邀请沈教授前去讲学，他谢绝了邀请。由于他是英华的校友，为了报答母校，他来到了这所中学为同学们讲授数学课。

一天，沈元教授在数学课上给大家讲了一个故事：“200年前有个法国人发现了一个有趣的现象：6＝3＋3，8＝5＋3，10＝5＋5，12＝5＋7，28＝5＋23，100＝11＋89。每个大于4的偶数都可以表示为两个奇数之和。因为这个结论没有得到证明，所以还是一个猜想。大数学家欧拉说过：虽然我不能证明它，但是我确信这个结论是正确的。它像一个美丽的光环，在我们不远的前方闪耀着炫目的光辉……”陈景润瞪大了眼睛，听得入神。

从此，陈景润对这个奇妙的问题产生了浓厚的兴趣。课余时间就泡在图书馆，他如饥似渴地看着那些数理化方面的书，对数学更是特别偏爱，从那些枯燥无味的数学运算中，他似乎找到了无穷的乐趣，他还因此获得了“书呆子”的雅号。

兴趣是最好的老师。正是这样的数学故事，引发了陈景润的兴趣，引发了他的勤奋，从而诞生了一位伟大的数学家。

当然，兴趣也能引领你走向成功。31 岁的达·芬奇离开故乡佛罗伦萨，来到米兰，毫无背景可言的他给当时的米兰大公写了封求职信。在求职信中，他列举了自己的多项特长：能建造、破坏桥梁，能制造出云梯，能制造易于搬运的铁甲车，能设计出各种地道、兵船，擅长建造民用设施，擅长绘画和雕塑。结果，他如愿以偿地谋得了待遇优厚的军事工程师一职。很多人只知道达·芬奇的画很出名，殊不知，他在军事上的造诣也非常之高。这些都归功于他的兴趣。从小，达·芬奇便对科学、天文、建筑、军事等有着浓厚的兴趣，并开始坚持不懈地进行研究，从而为他的成功奠定了良好的基础。

俗话说："知之者不如好之者，好之者不如乐之者。"以学为乐，那将事半功倍。有兴趣，才会有动力，持久的兴趣，才会产生持久的动力。英国人塞缪尔·斯迈尔斯说过："一个人对某一方面的兴趣越强烈，就越有可能学习这方面的知识，从而在与其兴趣有关的领域里采取惊人的举措，取得巨大的成功！"无论是比尔·盖茨还是乔布斯，抑或是扎克伯格，无不是对自己所从事的行业有着浓厚的兴趣。因为心中有了兴趣，才不会为了各种功利的目的而学习，也不会眼高手低地去做自己不喜欢的事情，更不会去抱怨命运和机遇的不垂青，他们扛起了百折不挠的精神大旗，竭尽全力地去克服各种各样的困难和痛苦，最大限度地发挥自己的潜能，最终便是不达目的誓不罢休。

让我们扪心自问一下，什么才是自己最感兴趣的事情，然后不断地培养它，让它引领我们前行，带我们走向成功。

找准自己的兴趣

约翰·沃尔夫冈·冯·歌德
德国著名文学家
哪里没有兴趣，哪里就没有记忆。

哈佛教授经常这样对学生说："学问必须要合乎自己的兴趣，这样你才能不走弯路，并且发挥最大潜能。"一个人的兴趣一旦被激发起来，就会产生无穷无尽的求知和探索欲望。兴趣能使人产生积极的、愉悦的情绪，能使人倾注自己的全部热情去挖掘自己的潜能，挑战自己的极限。

然而，总有一些学生会对自己的兴趣存有疑问，他们不知道自己的优势，不清楚自己的爱好。

"我也想有兴趣，可问题是谁能先告诉我，我的兴趣是什么，好吗？"

"我好像对什么都不感兴趣！"

"我今天对这个感兴趣，明天对那个感兴趣，但是所有的兴趣都只是三分钟热度。"

还有一些人在选择自己的学习方向、专业及以后的职业道路上，全然不知自己的兴趣，也无丝毫头绪，每天过着过一天算一天，得过且过的日子，幻想着船到桥头自然直，这样的结果注定会让他们成为一个对什么都漠不关心、碌碌无为的平凡之辈。

如果你没有自己的兴趣，或对自己的爱好还不明确，那就请你认认真真地去尝试、去寻找吧！虽然，找到自己的兴趣，对很多人来说是件非常困难的事情，有些人很幸运早就知道并明确了自己的兴趣，但更多的人却不知道或很晚才知道。

毕晓普没有上过科学课，他在一所只有两间教室的学校上到了初中毕业。他就读的高中规模也很小，只有 60 多名学生，考上大学的更是屈指可数，但是唯独他成了科学家。

毕晓普是在教室里的钢琴声陪伴中长大的，他从小就想当一名音乐家，可是在忙碌的学业中放弃了这个梦想。毕晓普在大学就立志当一名历史学家，不久后，他又想当一名哲学家，后来又觉得当数学家或者小说家也不错，偶尔他又想当医生，但他从来没有想到自己有朝一日会成为科学家，他甚至还不知道科学家是个什么样的职业。

高中时期，毕晓普和班主任说："我想从事学术研究。"老师说："那你就上哈佛吧。"但是毕晓普当时并不知道哈佛大学的情况，更不了解各个学科的具体事项。

就这样，毕晓普听了老师的意见，找到了哈佛的地址并申请上哈佛医学院。

毕晓普被哈佛大学录取了，但是就在被录取后，毕晓普又开始犹豫不决：哈佛大学和宾州大学，到底要选哪一所学校啊？为此，他还写了一封信给哈佛表明自己的选择状况艰难。后来，毕晓普的这封信被张贴在哈佛医学院院长办公室的门上供大家取乐。

因为害怕被笑话，毕晓普最终来到了哈佛大学，但当时他并不想当医生。

第一年，毕晓普在毫无兴趣的情况下被逼迫去学习，一点都不开心。

第二年，他到麻省总医院病理学实验室实习，这成了他人生的转折点。

通过学习和思考，分子生物学研究让毕晓普产生了浓厚的兴趣，同时他也认识到，自己不可能在其核心的领域从事研究，而只能在外围寻找突破。

第三年，毕晓普上了一门选修课，并跟随授课老师做实验。到了第四年，毕晓普被允许只修一门课（其他学生必须修八门）。

哈佛毕业后，毕晓普先在麻省总医院当住院医师，后来他获得了一笔奖学金，为他正式转行成为科学家打下了基础。毕晓普的导师对他充满信心，让他研究脊髓灰质炎病毒的复制。从此，他就开始了自己的研究生涯。

1989 年，他与瓦尔莫斯一起因阐明癌症起源的机制、发现癌基因而获得诺贝尔生理学奖。

虽然，毕晓普刚开始也不太明确自己的兴趣，遭遇了各种挫折，但是在多次的尝试之后，他找到了自己的兴趣，并通过努力，最终获得了成功。

有人说："如果你真的希望生活过得特有趣，让我告诉你兴趣的真相——兴趣不是那件让你舒舒服服就成功拿到结果的事，兴趣是那件让你白天痛苦地想、晚上睡不好、早上五点爬起来，一边苦笑着骂娘一边咧着嘴干完的事情。那才是兴趣本来的样子。"

兴趣爱好，我认为最起码应该满足这样的条件，它能够让你无条件地投入进去，并且慢慢深入研究的东西。很多时候会让你貌似一无所获，还会偶尔让你产生挫败感，但又能让你感受到真真实实的快乐。

所以，请你好好想想，自己的兴趣到底是什么？如果你还不能明确自己到底对哪些事情感兴趣，请让自己努力去尝试各种可能，自己还算喜欢，能够接触到的事情，并充分利用好自己身边的资源，让自己接受各种对自己来说最大的挑战。

找准自己的兴趣，更多的时候，是要靠实践才能确认的。

你的兴趣，你做主

> **格奥尔格·威廉·弗里德里希·黑格尔**
> **德国著名哲学家**
> 一个深广的心灵总是把兴趣的领域推广到无数事物上去。

"一心向着自己目标前进的人，整个世界都给他让路。"这句话说得非常有道理，有什么样的目标就会有什么样的人生。但问题的关键是，我们找不到自己的目标的原因有太多：有太多人，包括老师和家长都在告诉我们该做什么，我们的兴趣应该是什么？我们就像一个提线木偶一般地任人摆布，浑浑噩噩地过一天算一天，不知道自己为了什么而活，到底应该做些什么，直到最后完全丧失了自己的好恶追求。

2014 年 11 月的一篇报道，让当时的 400 多家媒体争相报道。它的题目是：北大男孩退学读技校，没兴趣痛不欲生。

主人公名叫周浩，当年以 660 多分、青海省前 5 名的成绩考入了北京大学生命科学专业。当时报考是父母和班主任的意见，大家都觉得名牌大学热门专业特别好。有了解的家长可能知道生命科学这个专业偏理论，而周浩从小就喜欢拆分机器，家里的电器都被他重装过，他的愿望是报考北京航空航天大学，但是迫于社会的压力、家庭的压力和遵父命，周浩最终选择了北大。他进入大一时也曾经努力适应一切，但他与所读的专业更像是强拧在一起的恋人——互相都不来电。他越学越痛苦，越学越难受。最终他选择了退学，转学到北京一所技校学习数控技术。在北大痛苦的他进入那里学习却如鱼得水，不少企业纷纷向他抛出了橄榄枝。

周浩说："北大很好，但不适合我。我不后悔，而且感到很幸运。每个人只要在适合自己、自己感兴趣的岗位上工作，都会变得很强大！"

亲爱的同学们，醒醒吧！割掉操控我们的绳索吧，我们的兴趣，应该由我们自己来做主。每个人的兴趣爱好都有所不同，更何况是父母或老师了，他们的兴趣并不能代表你的兴趣。就像故事中的周浩一样，当你真正找到自己的兴趣，你就能深刻体会到什么才是真正的快乐，你会觉得自己的生命变得更加有意义了。

有些人很幸运，没有大人们的操控，也找准了自己的兴趣点，但却因为太多外界的影响，如金钱或其他物质的诱惑，也可能是别人的态度或评价，而变得不再单纯地享受兴趣带来的乐趣，长此以往，这个兴趣也将变得难以长久。

从前，有一位老人，因为年纪大了，身体不好，腿脚也不方便，于是儿女们就给他买了一个一层楼的房子住，房子门口还带一个小院子，没事可以走走，活动活动筋骨。

不知道从哪天开始，来了一群非常调皮的孩子，天天在他的小院子里踢足球，喧哗的吵闹声使老人无法好好休息，在屡禁不止的情况下，老人想出了一个好办法。

他把孩子们都叫到一起，告诉他们他很喜欢看他们踢足球，如果他们能每天来踢的话，他每天都会给他们 5 元钱。孩子们听了以后很高兴，欣然答应了老人的提议：一是能做自己感兴趣的事情，二是还能赚到钱。

第一周，孩子们每天都卖力地踢着足球，最后也都领到了 5 元钱。

第二周，孩子们继续每天都来踢球，结果老人却只给了他们每人 4 元钱。

第三周，虽然孩子们已经有些不乐意了，勉勉强强地踢完一场球，老人给他们每人 2 元钱。

老人逐渐减少所给的奖励，让孩子们很是不满，他们认为自己受到的待遇越来越不公正了。

在踢完第四周的球时，老人无奈地和孩子们说："实在是不好意思，我现在太穷了，已经给不起你们钱了，但是我还是希望你们每周都能到这儿来继续踢球给我看，好吗?"

"你给我们的钱越来越少，现在都没有了，谁还会踢球给你看?"于是，孩子们悻悻地走了。

从此以后，老人的小院子又恢复了往日的安静。

故事中的老人很轻松地化解了自己的困局，但反观这些孩子们，是什么让他们失去了踢足球的热情？当初，孩子们最大的兴趣就是踢足球，那是一种纯粹的喜欢，但后来由于钱的原因，他们的初衷就变了，他们的关注点就不再是兴趣了。

我的兴趣，我做主。在我们行使自己做主的权利下，也要更好地为自己的兴趣做好主，不要任由大人们摆布，更不要只是为了表扬和奖励。还有，一个人的兴趣或许有很多，但是每个人的精力毕竟是有限的，所以我们必须要坚持自我，集中精力将自己的兴趣延续下去，当投入了全部的热情和力量时，你会发现自己离成功越来越近了。

如何培养你的兴趣

有一些人，一直都明确不了自己的兴趣到底是什么？所以，当别人问我们“你的兴趣是什么”的时候，我们总会变得支支吾吾，不知如何回答是好。这时，哈佛教授会这样教育学生：“如果你没有自己的兴趣爱好，那就去找。一个人不能没有兴趣爱好，你必须有对某种东西倾注你的热情。”其实，兴趣是可以培养的。

那么，怎样培养我们良好的兴趣呢？

1. 增加知识储备是培养兴趣的基础

知识是兴趣产生的基础条件。有一定的知识积累，对我们培养某种兴趣会有很大的帮助。如果你想培养自己写诗的兴趣，那就从接触诗歌作品开始吧，多读一些诗歌，体验其中美的意境和当时诗人的心情和状态，了解写诗的一些方法和技巧等，这样可能就可以诱发出你对诗歌习作的兴趣来。当你接触得越多，了解得越多，你的兴趣也会越多、越浓厚。

2. 发现自己的兴趣所在

找出那些你比较喜欢干或比较关注的事情，然后争取每天坚持做一遍，如果遇到时间比较紧张的时候，你会选择放弃哪几项，依次进行。在自己不断接触的信息中进行过滤，慢慢沉淀一件件的事情，那些能够留下的，便是你的兴趣。当有一件事情，你做起来很兴奋，能带给你成就感和快乐感，即使不给你钱，你也心甘情愿地去做，那么就不必再怀疑了，你已经找到了自己的兴趣。

3. 摆正好自己的心态

你必须弄明白一个问题：你兴趣的出发点在哪里？自己的兴趣爱好，不是为了某些功利性的目的，比如可以拿得出手，可以给自己挣面子、出风头，可以为自己带来丰厚的回报。如果自己的动机不纯，或许在刚开始的时候，你会觉得有些新鲜，有些好奇，但很难持续下去。如果是你真的发自内心的喜欢，真的发现很有意义和价值，那么，你才会有一直坚持下去的动力。

4. 挖掘一些自己的天分

如果你不喜欢做某件事情或不喜欢某事物，就没必要苦苦地去努力，否则即使你付出再多，最终还是付诸东流。如果对自己的兴趣有那么一点天分，再加上出自真心喜欢，那便是完美了，你也会对自己更加肯定，从而不断地挖掘出自己的潜力，实现质的飞越。所以试着挖掘一下自己的天分，在兴趣之上，会产生不一样的火花。

5. 培养优良的兴趣品质

由于每个人所处的环境、所受的教育及主体条件各不相同，所以他们的兴趣都带有个性特点，因而要根据自身条件进行兴趣爱好的自我培养。例如，有人兴趣广泛而不集中，就应加强中心兴趣的培养；有人兴趣单一而不广泛，就应加强兴趣广泛性的培养；有人兴趣短暂易变，就应加强兴趣稳定性的培养；有人兴趣消极被动，就应加强兴趣效能性的培养；有人兴趣在网络世界，容易沉迷，那么就要加强引导。

只要你通过以上方法在人生的实践中发现自己，认识自己，不断地了解自己的兴趣，并努力培养、坚持不懈，就必定能达到你的目标，取得成功。

第七章

成功，源于不懈的坚持

“水软无骨，却穿透了硬石，坚持不懈而已。”坚强的毅力是人生中战胜困难、摆脱逆境的利刃。打造这把利刃，一定能使自己的人生变得更加光彩夺目。

坚持能让梦想扬帆

> 伏尔泰
> 法国著名学者、作家
> 坚持意志伟大的事业需要始终不渝的精神。

水柔软无骨，却穿透了坚硬的石头，无他，坚持不懈而已。家长们常听到的一句话“别让孩子输在起跑线上”，殊不知，漫漫人生路是一场马拉松，真正的赢家不是起跑线靠前的人，而是能坚持到最后、跑过终点线的那个人。人世间最容易做到的事是坚持，最难做到的事也是坚持。

有一天，苏格拉底在上课时对学生说：“今天，我们只学一件最简单也是最容易的运动——每个人把胳膊尽量往前摆动，然后再尽量往后摆动。”他做完示范动作后，又对学生们说道：“从今天开始，每个人每天做300下，大家能做到吗？”学生们都笑了：这么简单的事，有什么做不到的？于是便异口同声地回答道：“做得到！”

第二天，苏格拉底问道："谁昨天把胳膊摆动了300下，做到的请举手!"几十双手都举了起来。他点了点头。过了几天后，他又问哪些同学坚持了，有90%的同学举了手。一个月后，他又要求坚持下来的同学举手，有一大半的人举了手。一年之后，他再一次问道："请大家如实地告诉我，每天摆动300下胳膊，哪些同学坚持了?"这时，只有一个学生举了手，他就是柏拉图。

在那些人们看似枯燥和乏味的重复中，柏拉图能认准目标、始终坚持着。后来，他成了古希腊另一位伟大的哲学家。他继承和发展了苏格拉底的学说，培养出了堪称"百科全书"式的大哲学家亚里士多德。

人生最精彩的不是实现梦想的瞬间，而是坚持梦想的过程。坚持有着无穷的力量，当你遭遇困难时，只要心中不停地想着坚持，它就会赐予你无穷的力量，帮助你战胜困难，最终让你的梦想扬帆起航。人有的时候就需要有这股执着劲儿。大凡卓越者，其一生只是在做一件事情。能够坚持把一件事情做到极致，是一种难得的伟大与成功。

随着《哈利·波特》风靡全球，它的作者和编剧J.K.罗琳成了英国家喻户晓的人物。2004年，罗琳荣登《福布斯》富人排行榜，她的身价达到10亿美元。她曾有一段穷困落魄的历史，而她的成功恰恰在于她坚持自己的梦想。

罗琳从小就热爱英国文学，热爱写作和讲故事。对此，她从来没有放弃过。大学时，她主修法语。毕业后，她只身前往葡萄牙发展，并在那儿结了婚。

无奈的是，这段婚姻来得快去得也快。在一次激烈的争吵过后，两人最终走向了离婚。

不久，罗琳便带着3个月大的女儿杰西卡回到了英国，栖身于爱丁堡一间没有暖气的小公寓里。

一个女人，离了婚，工作也没有了，居无定所，身无分文，再加上嗷嗷待哺的女儿，罗琳一下子变得穷困潦倒起来。她不得不靠救济金生活，经常是女儿吃饱了，她自己还饿着肚子。

但是，家庭和事业的失败并没有打消罗琳写作的积极性，她为了完成自己多年的梦想，成天不停地写呀写，有时为了省钱省电，她甚至会待在咖啡馆里写上一整天。

就这样，在女儿的哭叫声中，她的第一本《哈利·波特》诞生了，并创造了出版界奇迹，她的作品被翻译成35种语言在115个国家和地区发行，引起了全世界的轰动。

即使艰难，罗琳也从来没有放弃过自己的梦想，始终坚持着自己的信念，并用她的智慧与执着赢得了巨大的财富。因为她坚信有一天，她的坚持必定能带她抵达事业的顶峰。

坚持是即使被千锤百炼还能依旧坚持心中的热爱。那是一股多么强大的力量，它能让你摆脱三分钟热度，即使遭遇艰难险阻，也能突破重围，勇往直前，坚持到底，它能让柔弱的女生变得自强自立，让无数穷苦的孩子努力奋斗，实现梦想，找到生活的出路。

现在的我们，年少轻狂，意气风发，在前行的道路上，更应该抓紧那可贵的自信，把它转化为不竭的动力，坚持向成功走去。做一个坚定的人，做一个勇敢的人。

相信自己，坚持到底，你一定会在正确的道路上走向成功，走向辉煌！

坚持就是永不放弃

塞缪尔·约翰逊
英国作家、文学评论家
伟大的作品不是靠力量，而是靠坚持来完成。

一个人能走多远，就要看他能坚持多久。

无论是生活还是学习，总会给我们带来诸多的压力和考验，然而在面对这些困难时，我们中的很多人都会不自觉地选择放弃，不再勇往直前，因为相对于坚持来说，放弃显得容易很多，最终落得个一无所获的结局。然而有些人却倔强地选择了坚持，他们虽是少数，却赢得了大多数人的掌声。

当一次奥运会过去多年以后，人们似乎已经记不全那些冠军的名字，但有些失败者反而会让他们记忆犹新，比如，1968 年墨西哥奥运会的马拉松比赛，有一个最后到达终点的选手，他的行为不仅仅被誉为“当代奥林匹克历史上最伟大的时刻”，记录他的那些镜头，更是反复出现在人们的眼前，用来诠释奥林匹克精神。这名运动员的名字叫约翰·阿赫瓦里，来自非洲的坦桑尼亚。

这是坦桑尼亚第一次派选手参加奥运会。所以，墨西哥的 3 名队员都为自己能够代表祖国参赛而感到骄傲。

在马拉松比赛之前，阿赫瓦里的两名队友都已经完成了赛事，但并没有取得出色的成绩。而阿赫瓦里就不同了，他是坦桑尼亚这次参加奥运会的希望，一个被认为是可以赢得奖牌的优秀选手。

但对于运动员来说，当时的阿赫瓦里已经不年轻了，他已经 30 岁了。比赛时，高原反应让他开始产生了晕眩感，最终摔倒后导致右腿严重受伤，尽管如此，紧急包扎后的他选择继续比赛。因为已经耽误了许多时间，再加上阿赫瓦里的状态也不太好，教练开始说服他放弃比赛。但此时的阿赫瓦里却坚持要继续。

当夜幕降临时，漫长的道路上只有阿赫瓦里一个运动员孤独的身影，陪伴他的，是来自摄影师手中微弱的光线。阿赫瓦里仍然在吃力地跑着。此时距离比赛开始已经四个多小时了，距离马拉松比赛的冠军冲过终点赢取金牌，也已经过去一个多小时了。

阿赫瓦里迈着艰难的步伐，一步一步地挪进体育场。他的执着感动了当时在场的所有人，工作人员、裁判，还有为数不多的观众。当他们明白了阿赫瓦里的状况时，全部停下了手中的事，站在自己的位置上，一起为这位来自非洲的运动员鼓起掌来。刚刚通过终点，阿赫瓦里就精疲力竭地倒在了地上。

这时，立刻有记者问他：“为什么不选择放弃？”这位来自坦桑尼亚的运动员回答道：“我的祖国从两万多公里之外送我来到这里，不是仅仅来让我听听发令枪的，而是派我来冲过终点的。”

阿赫瓦里用他的毅力告诉我们真正的奥林匹克精神，那就是坚持，永不放弃。只要坚持、不放弃，生活中总是会有阳光的；只要敢于追求总是会有希望的，苦难过后，相信胜利就在不远的前方。

没有波涛澎湃的大海，怎会有沙滩的光洁与柔软；没有磨刀石的磨砺，怎会有宝剑耀眼的光辉。唯有经过苦难的洗礼，才能铸就不凡的业绩。在面对生命中的挫折和苦难的时候，在自己坚持不下去的时候，想想那些有着永不放弃精神的人，相信你一定能获得坚持到底的能量。

励志短片《永不放弃》中有这么一幕：

教练在指挥球队进行一项“死亡爬行”的体能训练。这项训练的动作要求是一个人半卧在地上，膝骨不能着地，背上再压一个人，沿着球场爬50米。所有的队员都认为这是一个不可能完成的任务，于是在途中不到30米的地方就全军覆没了。这时，教练让球队中较为优秀的队员布洛克单独再做一次“死亡爬行”，这一次他用一块布把布洛克的眼睛给蒙上了。最后，布洛克背着一个80公斤的队友不仅仅走了50米，而是走完了整个球场，那个球场有100米。这简直就是不可能到极点的事情，但是布洛克做到了。其实在这个过程中，教练不停地在告诉布洛克“坚持”“继续”“别放弃”。在教练的激励下，布洛克释放出了自己最大的能量，坚持到底不愿放弃的过程振奋人心。

哈佛的学习任务非常重，如果学生不具备坚韧的品格，很可能会被巨大的学习压力压垮。学习之路是枯燥乏味的，也是孤独寂寞的，当你觉得自己累了、倦了，想要退缩的时候，请告诉自己为了自己的目标和梦想，你不会放弃，更不惧怕失败，你会强大起来，坚持下去，直到一步步实现自己的目标和梦想。

你离成功只差一个坚持

> 塞内加
> 古罗马著名哲学家
> 只要持续地努力，不懈地奋斗，就没有征服不了的东西。

其实，很多时候，我们可能离成功就差那么一点点。然而，就是差那么一点点，让我们之前99%的努力全部白费了。

古时候，有两个人去挖井。第一个人比较聪明，他挑了一个比较容易挖出水的地方来挖；第二个人比较愚笨，不知道看地质，随便选了一个地方来挖。

第一个人看见第二个人所选的地方，心中暗笑，便生出一计，想占第一个人的便宜，于是假惺惺地说："我们来比试比试吧！看谁先挖出水来，谁就是胜者。失败的人就要请客吃饭。怎么样，敢不敢一试？"

第二个人想都没想就答应了。

第一个人自以为稳操胜券，三天打鱼两天晒网，挖一天的井，要休息两天。第二个人却老老实实、一天也不歇息地挖着井。

突然有一天，第一个人开始对自己选的地方产生了怀疑：“挖了这么多天，怎么还没有水呢？要不还是换一个更浅的地方挖吧！”于是他选了一个更容易挖出水的地方，沾沾自喜地说：“这下保准七天就能挖出水来。”可是到了第六天，他又开始怀疑了，为什么还不见水？是不是我又看错了？于是，他又换了一个地方。就这样，第一个人换来换去，始终没有挖出水来，每次都是离挖到水的地方只有一尺的深度就放弃了。

再看第二个人，他挖的深度比第一个人所有的深度加起来还要深，当然，最后的结果是，他挖出水来并赢得了比赛。

对于第一个挖井的人来说，他已经选对了地方，只要相信自己，坚持地挖下去，就一定能赢得比赛，但他却没有这么做。是的，成功不可能一蹴而就。通往成功的道路是曲折的，没有人能一步跨过去直接到达终点，我们要做的就是认准一个方向，坚定地坚持下去。

如果我们暂时没有成功，说明时机还不成熟，那就需要我们更加努力地去学习，去忍耐和坚持，让自己变得更强大。因为成功总是垂青有准备且愿意坚持到底的人。

闻名世界的美国石油巨头洛克菲勒，原来只是一家石油公司的小职员。他的工作是最低档、最机械、最没有创造性的巡视并确认储油罐盖有没有自动焊接好。

他每天都要上千次地注视着这种作业，注视到眼睛都快长“茧子”了，真是枯燥至极。

有一次，他突然发现石油罐子每旋转一次，焊接剂滴落 39 滴，焊接工作便结束了。

此后，他一直在想：焊接剂能否少一些呢？如果能将焊接剂减少一两滴，是不是能节省点成本呢？

他开始对这个当时被认为无聊的问题进行了长期的观察和研究。

不久之后，他研制出了“35 滴型焊接机”“36 滴型焊接机”“37 滴型焊接机”。但经过试用后，它们都会在焊接后出现漏油现象。人们都劝他不要吃饱饭没事干，如果不愿意闲着，还不如下班后去做兼职。然而洛克菲勒并没有因此而放弃，他又研制出了“38 滴型焊接机”。这次他成功了。不久后，他申请了专利，并找人投资生产出这种新型的节约能源的机器。

洛克菲勒节省的只是一滴焊接剂，但这“一滴”却给公司带来了每年上亿美元的利润。这也让他后来终于成了美国著名的石油巨头。

无论是工作还是学习，要想有所成就，就必须有耐心，懂得持之以恒。三天打鱼两天晒网，凡事都只有三分钟热度的人是不可能成功的。当我们朝着目标前进的时候，虽然会有困难，有挫折，但是一切困难都是纸老虎，只要我们坚持不懈、勇往直前，必定能激发出我们内心的潜能，从而让困难迎刃而解，让挫折丰富我们的人生。只要我们能一天一天地坚持，锲而不舍，如此，成功便会离我们越来越近。

如何培养坚持不懈的精神品质

在我们追逐梦想、争取成功的道路上，坚持是我们必须要拥有的品质。没有坚持就没有成功。所以我们一定要培养自己坚持不懈的精神品质，因为这样的品质一旦养成，我们将受益终身。

那么，我们应该如何培养自己坚持不懈的精神品质呢？

1. 清晰地了解自己的目标

当一个人有了目标，那么它就会像灯塔一样，指引着我们不断地向前。在坚持的路上，我们会遇到各种想象不到的困难或者阻碍，如果因此而选择退缩或逃避，那么我们一定不能到达胜利的彼岸。我们需要不断地提醒自己清楚地认识到自己的奋斗方向，从而提升自己的士气，那么就一定能找到坚持下去的理由。

2. 制订合理的计划

要想培养好自己坚持不懈的品质，一定要设法先把它变成习惯。而习惯的养成就需要将坚持贯彻于你的行动之中。制订一个合理的、操作性强的计划将有助于你能按部就班地做下去。当你将计划做完时，你会发现，你已经将“坚持不懈”这四个字刻进了你的骨髓。

3. 需要鼓励和支持

平凡的事坚持做，你就变得不再平凡了。但在坚持的过程中，多少会掺杂了很多负能量：无聊、烦躁、动力不足或缺乏兴趣，从而让你有想要放弃或失去信心，此时的你更需要一些来自自己和外部的鼓励和支持：每天对自己说一些鼓励的话，比如，“我能行”，听一些励志类的讲座，看一些正能量的书籍，看一些昂扬向上的电影，以此来增加自己进行下去的动力，不断前行。

4. 换个你喜欢的方式继续下去

如果你的选择恰好是你所爱，那么恭喜你，你一定会坚持得很好，因为你很热爱它。但如果这件事情不是你喜欢的，比如有些学生成绩不是很好，他们觉得学习这件事简直就是枯燥单调，且无聊至极。那怎么办呢？去寻找一个把学习变得让你觉得有趣的方法吧，这不仅有助于激发你的兴趣，培养你坚持的品质，还可以提高你的创新能力。

5. 适时给自己奖励

有专家在研究动物的行为时，发现了一个非常有趣的现象，当我们对动物的某种行为进行奖赏时，它们的这种行为发生的概率就会增高。相反，当对动物的某种行为进行惩罚时，它们的这种行为的发生概率就会大大降低。这就是著名的巴甫洛夫条件反射原理。当你坚持完成一件事情的时候，记得一定要犒劳或奖励一下自己，给自己买一个心仪已久的礼物，去做一件自己想做很久的事情，这样做不仅有助于你适当地放松自己，有更大的精力去再次启程，更有助于你将坚持的品质延续下去。

第八章

要有不断超越自我的勇气

没有人能在年轻的时候不努力，就可以轻松地安享晚年。只有趁年轻的时候，放手一搏，才能为自己创造更多的机会，为自己的人生拼来转机，你才有可能成功。是的，年轻就要去拼！

年轻就要敢于拼搏

> 萧伯纳
> 爱尔兰著名剧作家
> 如果我们能够为我们所承认的伟大目标去奋斗，而不是一个狂热的、自私的肉体在不断地抱怨为什么这个世界不使自己愉快的话，那么这才是一种真正的乐趣。

在哈佛大学，每一个学子都在奋力拼搏着。尽管他们已经被理想中的常青藤大学录取了，但他们并没有安于现状而放弃学习。在这个云集了众多“高手”的地方，每一个人都舍不得浪费一分一秒的时间，因为他们知道，一旦自己懈怠下来，就会被后来者赶上，甚至还会被他们远远地甩在身后。

在哈佛，有个规定就是每门课必须要有10%的人不及格。所以不管你多么优秀，你只要在最后的10%里面，那么就意味着你要被淘汰，因为有这样一个淘汰制存在，每年班级里都会有人被退学，所以高度的压力，也是哈佛生活的特征。事实上，班级里没有不认真学习的人，每个人也是极其聪明的，那么你就要时时刻刻往前冲，敢于拼搏。

1987年10月，吴羽洁出生在上海市一个知识分子家庭。6岁时，她随父母一起离开上海到美国定居。初到美国时，由于语言不通，她的大部分休息时间都是自己一个人在地上用小树枝画画。

直到小学二年级，在新老师的指导下，小羽洁才开始讲英文。在写文章时，小羽洁觉得最头疼的便是语法的应用。由于经常出错，母亲为此操了不少心。经过自己一年的努力，吴羽洁的英语成绩进步很快。

不久，吴羽洁加入了路易斯安那州青少年英文写作竞赛，她一举获得了全市第一名。在四年级时，吴羽洁考入了“天资班”。视野的开阔为她的进一步腾飞打下了坚实的基础。

吴羽洁的学习成绩一直都是全优，唯有地理一科不如人意。1997年夏天的一个晚上，吴羽洁忽然对母亲说：“明天地理考试，老师要考南非地图，填图时我就是记不准，没信心考满分。”母亲陈霭芳听后把地图拿过来想了想，就依据图的外形和地名的字头，找到了一个有趣的记忆方式：鸭子脑袋长了个大象的鼻子——由于图形像个鸭头，相应的地名开头字母是D，用“鸭（英文DUCK）”字的开头字母D来协助记忆；旁边有个长长弯弯的图形，像是大象的鼻子，地名字头是E，用“大象（英文ELEPHANT）”的字头E来协助记忆。在母亲的帮助下，当晚吴羽洁便把南非地图熟记于心。第二天测验，吴羽洁得了“A”。在母亲的启示下，吴羽洁后来自己发现了机动记忆英语单词的办法：她把单词录在自己爱听的歌曲磁带上，每当空闲时，就边听音乐边记单词，渐渐地，记起来就容易多了。

上八年级时，吴羽洁以第一名的成绩顺利地通过了综合考试，连跨四个年级直接升入美国加州大学。13岁的吴羽洁因此成为一名少年大学生。进入大学后一年，吴羽洁被评为“全美大学最佳新生”。

2004年，从加州大学毕业后，吴羽洁以优良的成绩考上了美国国立大学之冠的伯克莱大学攻读硕士学位。同时，吴羽洁还担负该大学的美国政治研究所所长助理。这年，吴羽洁还获得了“全美亚裔最佳消息记者”“伯克莱大学优秀女生领袖”“全美优秀中国学生”称号，并被全球发行量逾130万的有名杂志《现代都市女孩》评为2004年度“现代都市女孩”。

从13岁起，吴羽洁心中一直就有一个远大的理想：考上哈佛法律系。然而，要想进入哈佛法学院却是一件非常艰难的事，它录取的难度远远高于其他学院。因此几年来，吴羽洁从未有一刻松懈，在伯克莱大学攻读硕士学位期间，她的平均学习成绩一直坚持在4.2分。

2005年1月，吴羽洁参加了哈佛大学法学院的博士研讨生进学考试(LSAT)。在报考人数高于往年3倍的情形下，她的测验成绩竟排在了前1%的优良行列之中。17岁的吴羽洁顺利地被哈佛大学法学院录取了。

在拿到哈佛大学法学院的录取通知书时，吴羽洁泪光闪动，她为自己的努力拼搏终于有了一份满意的答案而高兴，更为自己是一个中国人而感到骄傲！

2005年5月，吴羽洁提前修完所有硕士研讨生课程，以优良的成绩从伯克莱大学毕业，并获得了“最高声誉毕业生”称号。随后，吴羽洁正式进入哈佛大学攻读博士学位。进校后不久，吴羽洁成了哈佛大学法学院极少数由校方供给奖学金的最优秀学生。

被人们誉为“天才少女”的吴羽洁有一次在上海为成千上万的青少年学生做了题为“哈佛之梦与胜利之路”的首场演讲。她在讲述完自己的故事后，激动地对所有在座的青少年学生说：“哈佛之梦成就了我！我们是中国人，我们天天都在拼搏！”

年轻的我们，可能什么都没有，没有过人的资历、深厚的背景以及太多的经验，所以我们要想赢得胜利，唯有用一颗敢闯的心去点燃身体里的那一腔热血，一刻不停地去拼搏努力。没有人能在年轻的时候不努力，就可以轻松地安享晚年。只有趁年轻的时候，放手一搏，才能为自己创造更多的机会，为自己的人生拼来转机，你才有可能成功。

美国迪士尼公司创始人沃尔特·迪士尼曾说过："做人如果不继续成长，就会开始走向死亡。"在这个激情澎湃的时代，我们要有梦想、脚踏实地、敢于拼搏，才能活出精彩的人生。年轻，就要去拼！

安于现状是最大的危险

> **珀西·比希·雪莱**
> **英国著名作家、浪漫主义诗人**
> 如果你过分珍爱自己的羽毛，不使它受一点损伤，那么你将失去两只翅膀，永远不再能够凌空飞翔。

当一个人对自己的现状很满意的时候，他便会就此沉溺，不必为一日三餐犯愁，也不必去忧国忧民，只需要在自己的世界里平平淡淡地活着，不必经历大风大浪，更不用为一些未知的事情冒风险。

其实，他们不知道安于现状才是最大的危险。对于一个满足现状的人来说，他没有任何更好的想法、更美好的愿望，以为光靠着老本就能吃一辈子，也从未意识到自己需要去进步。正因为如此才造就了现实生活中太多极具天赋的人终其一生却只能碌碌无为地做一些平凡的事情。任何人只要安于现状，不思进取，就不会有所作为。

在这个竞争激烈的时代，安于现状的人往往是最先被淘汰出局的。当你停下前进的脚步时，别人并没有和你一起停下，相反，他们在更奋力地奔跑，在不停地进步，你们的差距也会越来越大。是的，从你安于现状的那一刻开始，你便已经种下了失败的种子，最后只能品尝失败的苦果。

要知道，人只有不满足于现状，才会产生前进的动力，想方设法去改变自己。不满足能激励人们不断努力进取，从弱者变成强者，从失败走向成功，从贫穷走向富有。永不满足能够让你看到当你安于现状时所忽视的危机，让你看清自己的目标，从而激励你不断地进步，离成功越来越近。

张明在大学毕业后进入海关部门工作，很多同学都非常羡慕他。但是几年之后，他发现自己好几个要好的同学都下海当起了小老板，看着他们开着好车，买上了新房，他开始对自己的工作有了不满：天天赚的都是死工资，而且上班有诸多限制，天天朝九晚五的不自由。

直到有一天，张明觉得自己在海关工作了这么多年，已经掌握了丰富的贸易方面的经验还有大量的人脉，也有自己的货源和渠道，再说自己也喜欢当个小老板，这可是占尽了天时地利人和。那天晚上，张明越想越激动，兴奋的他一夜未眠。

然而，几年过去了，张明还是老老实实地在海关里上着班。当初不是想得那么美好吗？怎么没去做呢？因为他觉得这个想法虽然很好，但是一想到自己现在的生活也还可以，而且可以说过得很安逸，如果改行去做生意的话，还得起早贪黑，可能会很辛苦，收入还不稳定。想着等自己在海关攒够了本钱、等这段不景气的时间过去、等着结婚生完孩子……

几十年瞬间过去了，张明每每想到自己当初的梦想还是激动不已，但如今的他已然步入快退休的日子，他时常对着身边的人说："如果我当初不是安于现状，我估计早就实现了自己的理想，而且已经是个千万富翁了。"

我们在生活、学习和工作中，一定要有一种不安于现状的精神。不安于现状的人有着强烈的进取心，有着敢于改造自己、改造世界的勇气。他们对生活、学习和工作充满了热忱，以百分之百的激情投入到对成功的追求之中，用不懈的努力来展现自己的价值。他们对未来充满信心，对前途满怀希望，愿意用十分的付出争取卓越的成就，迎接成功的人生。

当然，"不安于现状"并不是要求我们不停地追求遥不可及的目标，忽视眼前的事情，或是专门去找一些惊天动地的大事来做，而是要求我们认真做好手头的每一件事，无论是大事还是小事；要求我们不断提高自己的知识储备和技能；要求我们敢于追求更高的目标，让自己从"合格"到"优秀"，从"优秀"到"卓越"。

一个人即使没有突出的才华，没有过人的智慧，但只要不安于现状，敢想敢做，并把每一件事都争取做到最好，他依然可以创造出惊人的成就。

进取心是实现梦想的加油站

> **拿破仑·波拿巴**
> **法国著名的军事家、政治家**
> 我们应当努力奋斗，有所作为。这样，我们就可以说，我们没有虚度年华，并有可能在时间的沙滩上留下我们的足迹。

如果说，行动是奔驰在现实和梦想之间的跑车，那么进取心就是这条路上的加油站。只有源源不断地供给，才能让这辆跑车最终成功地奔向目的地。正如鲁迅先生所言："不满是向上的车轮。"进取心就是指不满足于现状，坚持不懈地向着新的目标追求的蓬勃向上的心理状态。

具有进取心的人都是渴望成功，渴望有所发展和建树的，他们总是勇于挑战自己，进而让自己表现得更优异。

一直以来，张宁的学习成绩都很一般。每天，她总是得过且过，因为她觉得自己的水平就是那样了，即使再努力也没用。虽然家人对她抱有很大的希望，给她报了各种补习班，但是她却始终提不起学习的劲头。

对学习没什么兴趣的张宁却很喜欢看《哈利·波特》，看完了中文版本，她还觉得不过瘾，又反复翻看了无数遍这本书的英文版本。眼看着大家一上高一都紧张起来，为了考上一所好大学，穿梭于各大补习班，学习也变得更加努力勤奋了，而她却一直沉浸在哈利·波特的神奇世界中无法自拔。

突然有一天，张宁的脑海中蹦出了一个念头：要考英国的大学。刚开始有这个念头时，她着实把自己吓了一大跳，但是一想到自己可以近距离地接近心目中的偶像哈利·波特，就抑制不住内心的激动。越想越兴奋的张宁，觉得自己应该开始上进了，顿时她觉得自己充满了无穷的力量，一个大致的学习目标在心中升腾起来。

自那以后，张宁开始发奋图强：上课时，她开始认真听讲，遇到不懂的问题就会主动询问老师；下课时，她也争分夺秒，做各种功课；放学回家后，一吃完饭，就把自己窝在房间里学习；就连上学的路上，她还随手拿着一本英语面试技巧。家人对她的这一改变也感到惊讶不已，看着她的巨大改变，大家都以为她是不是受到了什么刺激。

三年来，张宁没有一丝懈怠，始终坚定着心中的信念，终于她收到了自己心目中理想大学的入取通知书。在踏上飞往偶像国度的飞机上，她激动不已。

这就是进取心的巨大威力，让一个成绩平平的孩子，通过不断的努力，最终突破自己，实现了自己的梦想。一个人一旦形成不断自我激励、始终向更高境界前进的习惯，其身上所有的不良品质和坏习惯就会逐渐消失，此时的他无须他人的督促，便能自动自发地努力突破。上面故事中的张宁便是真实的写照。

都说，失败是成功之母。但是，如果没有进取心，那么失败只会让我们感到越来越受挫。在失败多次后，你便不愿再在倒下的地方站起来，因为你知道迟早有一天你还是会倒下的。此时，你的进取心正在被慢慢侵蚀。随着时间的推移，你会变得越来越懒惰、越来越无所事事。要知道，一个安于现状、不懂得进取的人是很难有大的作为的，最终只会被社会所淘汰。

经过了万人过独木桥的大考，小禾也和张宁一样考上了大学，但是录取她的大学并非小禾的第一志愿。高中那段非人的学习氛围让她感到窒息，一上大学，脱离了父母的管控，小禾便开始“放飞自我”了。

且不说上课不好好听讲，还时常旷课，窝在寝室里打游戏。第一年的期末成绩考了全班倒数，好几门课的成绩都不及格。因为第一年的课没好好上，基础不好，第二年的课她便更听不懂了。听腻了班主任的唠叨，再加上自己早已无心上学，小禾决定放弃上大学，就独自偷偷地回到了家！

父母对此很是上火。好不容易考上了大学，结果这么轻而易举就放弃了，父母觉得小禾可能是因为不喜欢这个专业才退学的，于是便给她报了高考复读班，希望她能考到自己喜欢的大学喜欢的专业，就能一改往日的颓废，进而变得用功起来。

小禾对高考复读班的高强度复习早已有所耳闻，自己已然懒散惯了，再想进入那种状态想想就害怕。后来，她想出一计，假装去了父母给她报的补习班上课，结果却瞒着父母在外面找了一份临时工的工作。

她的学业就此被搁置了。等到工作的时候，更是没有定性。第一份工作是服务员干了半年，第二份工作是收银员，只干了三个月……

相信很多人都有和小禾一样的经历，在学习的路上，产生过倦怠期或是厌烦期。有些人经过一段时间的休整后便能继续加大马力，全速前进；而有些人则是原地踏步，甚至不愿意继续努力，进而不断地退步，最终离终点越来越远。这两者中，前者就是赋予了自己更多的进取心，进而让自己更加明确了目标，不断增强自己的自信，产生十足的行动力，最终走向成功，实现梦想。

蛹因为进取，才会蜕壳而出，化成美丽的蝴蝶，翩翩起舞；草因为进取，才能在岩石缝中扎根，生机勃勃；人因为进取，才会不畏艰难，勇敢超越，进而书写辉煌的未来。由此可见，进取心是每个人都应该拥有的良好品质。只有如此，我们才能走得更长、更远，进而一步一步朝着自己的目标和梦想奋进。

勇于挑战"不可能"

> **汉斯·克里斯汀·安徒生**
> **丹麦著名童话作家**
> 一个人必须经过一番刻苦奋斗，才会有所成就。

这个世界上有很多人，他们虽然颇有才学，最终却没有获得应有的成功：或是没有一展自己的抱负，或是没有实现自己的理想，抑或是没有获得老板的赏识，等等。

究其原因是他们有一个共同的致命弱点，那就是缺乏挑战的勇气，不愿意接受"不可能完成"的任务。当一件看似"不可能完成"的任务摆在眼前时，他们就抱着唯恐避之不及的态度敬而远之。结果便可想而知，既施展不了自己的才能，也实现不了自己的理想，终其一生都只能落得个一事无成的下场。

而那些勇于向"不可能完成"的任务挑战的人，才是真正的勇士，他们是最优秀的执行者，也是最容易成功的人。是的，成功只属于那些用行动证明“我可以”的人。

美国心理学家斯科特·派克说：“不恐惧不等于有勇气；勇气使你尽管害怕、尽管痛苦，但还是继续向前走。其实，在这个世界上，只要你真实地努力付出，就会发现许多门都是虚掩的。往往一些微小的勇气就能够取得无限的成就。”

很多年前，汽车大王亨利·福特想要制造V-8汽缸的引擎（发动机）。于是，他把这个任务下达下去，让工程师们去设计。

图纸是设计出来了，但工程师们一致对福特说：“8个汽缸放在一起的引擎，是根本不可能生产出来的。”然而，福特并没有听从设计师的意见，也不顾他们的反对，要求他们放手去做就是了。

过了一段时间，工程师们还是觉得无从下手，他们对福特说：“造8个汽缸的引擎是不可能的。”福特还是没有理会他们的反对意见，对他们说：“天下就没有办不到的事情，只要你们用心去做，就一定会做出来。你们只管动手去做吧。”可是，那些工程师还在坚持反对：“那真的是不可能做得到的！”

福特生气了，他大声地说：“你们现在就给我动手做，不管花多少时间，都必须做出来。”工程师们只好不情愿地着手去做。

半年过去了，没有任何动静；一年过去了，V-8汽缸引擎的影子还是没见着。工程师们已经想尽了一切办法，还是没有成功，看来那个8缸引擎是不可能造出来了。迫于福特的压力，他们不得不继续想办法去做。又过了一年，还是没有任何结果，他们认为不得不放弃了，便对福特说：“那根本是不可能的，我们确实已经想尽一切可能的办法了。”这次，福特非常生气：“我要8个气缸的引擎，你们必须给我造出来！”

快被逼疯了的工程师们只好再去想办法，功夫不负有心人，不久他们终于想到了办法，V-8汽缸引擎终于被制造出来了。

事实证明，很少有真正不可能完成的事情，很多事情只是被人为地“夸大”了而已。任何事，只要你努力去做了，就有成功的可能。很多人觉得不可能，有可能是因为这件事情确实有一定的难度，但他们就直接将“有难度”和“不可能”画上了等号；也有可能是因为他们缺乏执行力，不想去做，便将“不可能”搬出来当挡箭牌，然而不断重复“根本不可能完成”的念头只会让我们真的不能完成。

所以，当我们遇到亟待解决的难题时，千万不要让“不可能”束缚自己的手脚。告诉自己先冷静下来，认真地去梳理问题，把难题分解，就能想出好的解决方案。当然，很多事情不是一蹴而就的，这时你需要的就是坚持、再坚持一下，也许“不可能”就变成了“可能”。许多事情你已经付出了太多，结果还是看似不可能，其实是功夫未到。成功者之所以能成功，就是因为他们对“不可能”多了一股不肯低头的韧劲和执着。

当年，埃里森敢于向“不可能”挑战，连续20多年向比尔·盖茨下战书，甲骨文公司在他的领导下，1999年销售额突破100亿美元，盈利超过30亿美元，一年内增长了40%。至2000年9月，公司市值达到1840亿美元。同时，埃里森在《财富》杂志当年度富豪排行榜上跃升到第2位。正是在向“不可能”挑战的强烈企图心的驱使下，埃里森的财富增长速度之快让众人始料不及。

如果你也想像他们一样成功的话，就请直面“不可能”完成的任务，相信自己，勇敢地接受挑战，从而不断磨砺自己生存的利器，最终一定能够脱颖而出。

如何培养超越自我的勇气

一个人，要想超越自我，是需要很大的勇气的。很多人总是会妄自菲薄，觉得自己不可能会有多大的成就，或是觉得自己即使自己非常努力，也只会平庸地度过这一生。要知道只有勇于超越自己的人才能享受精彩的人生。那么，我们要怎样培养自己超越自我的勇气呢？

1. 敢于直面恐惧

每个人都有或多或少的恐惧，会阻挡我们前进的脚步。要想克服这些恐惧，那就得想办法面对它、接触它、了解它。当你面对那些恐惧时，你才能让自己成长。即使害怕，也要告诫自己不要退缩，勇敢地向前一步，就能迎来柳暗花明那一天。

2. 学会面对困难

当困难来临时，很多人都会选择逃避，或不去与困难正面交锋。其实这样是非常不利于我们培养超越自我的勇气的。困难对我们来说是最好的历练方式，当你勇敢地去面对它，想办法将困难按难易程度进行区分，然后各个击破的时候，就会让你的自信心得到很大提高，这对你来说是一个极大的鼓舞，同时也让你在面对下一个问题时，能从容应对。

3. 要懂得扬长避短

每个人都有长处和短处，而我们自己是最清楚不过的。一位名人曾经说过："人必须悦纳自己，扬长避短，不断前进。"一个成功的人，他一定懂得发扬自己的长处，来弥补自身的不足。他能够发掘自身才能的最佳生长点，扬长避短，脚踏实地地朝着人生的最高目标迈进。

4. 减少犹豫

昨晚想法千千万，今早起来走原路。如果你已经有自己的想法了，就请确定好，勇敢地迈出这一步，以后的事情以后再说。如果你连迈出第一步的勇气都没有，就只能做一个语言的巨人，行动的矮子。所以，请相信自己，JUST DO IT！（去做吧！）要知道，车到山前必有路，船到桥头自然直。等你把所有的犹豫状况都捋顺了再去做的时候，估计黄花菜都凉了。更何况，行动是治愈恐惧的良药，而犹豫、拖延将不断滋生恐惧。

5. 做自己敢做的事

这一条非常重要，因为只有你自己觉得自己勇敢，才会有勇气去面对困难。另外，在你绝对达不到的目标面前不要逞能。就某一时间段来说，人是有自己的极限的，一旦困难的级别超越了这个极限，人便很难一下子获得成功，而失败往往会让勇气瞬间消失殆尽。但是，我们不能退缩，那怎么做呢？我们要试着把它作为一个长期目标进行长期跟踪，同时，还要在失败的时候不断鼓励自己。其实胆小不是天生的，我们现在胆小，可能是小时候在某方面遇到过挫折，只要我们现在能够多给自己创造一些锻炼的机会，多鼓励自己，那么在未来，我们就敢于突破自己，敢于超越自己成为一个勇敢的人。

第九章

做好时间管理，善待自己的每一分钟

哈佛提醒学生说：“我荒废的今日，正是昨天殒身之人祈求的明日。”珍惜眼前的每一分每一秒，也就珍惜了所拥有的今天。明天再美好，也不如把握当下，多做点实事。要知道，你不管理好时间，时间就不会善待于你。

你荒废的今日，是昨日殒身之人祈求的明日

> **麦金西**
> 时间是世界上一切成就的土壤。时间给空想者痛苦，给创造者幸福。

哈佛图书馆的墙上有这么一句训言：你荒废的今日，正是昨日殒身之人祈求的明日。是的，时间就是生命。它总是在我们面前不经意地流走，无论我们怎么挽回都无济于事。俗话说得好，一寸光阴一寸金，寸金难买寸光阴。当我们少壮不努力时，最后也只能落得老大徒伤悲的结局。

时间是最公平的，每个人的一天都是二十四小时。每个人的精力也是有限的。然而有些人懂得将二十四小时掰碎了、揉细了、精打细算地加以利用，他们通过自己的努力，一步一步向着自己的目标迈进，最终实现了自己的梦想。还有一些人却认为自己有着大把的时间，肆意挥霍，最终落得个空虚度日，梦想也只能随之成为泡影。

在大多数人眼中，埃尔维斯是一个一无是处的学生，从学校毕业以后一直碌碌无为。有一天，他去拜访他母校的德里克教授，并且希望教授能给他的未来指点一条道路。

德里克教授问他："你为什么来找我？"

埃尔维斯满脸愁容地回答道："我至今仍一无所有，恳请您给我指明一个方向，使我能够找到人生的价值。"

德里克教授摇了摇头，说："你和别人一样富有啊，因为每天时间老人也在你的'时间银行'里存下了86400秒。"

埃尔维斯苦涩地一笑，说："那有什么用处呢？它们既不能被当作金子，也不能换成一顿美餐……"

德里克教授肃然打断了他的话，问道："难道你不认为它们珍贵吗？你不妨去问一个刚刚延误乘机的游客，一分钟值多少钱；你再去问一个刚刚死里逃生的幸运儿，一秒钟值多少钱；最后，你去问一个刚刚与金牌失之交臂的田径运动员，一毫秒值多少钱？"听了教授的一番话，埃尔维斯羞愧地低下了头。

德里克教授继续说道："只要你明白了时间的珍贵，去发现一件自己想做的事情，那你脚下的路会慢慢平坦起来。"

对于哈佛人来说，他们有着超强的时间观念，因为他们知道时间的宝贵，他们会抓住每一秒的时间来学习和锻炼自己，让梦想照进现实。

获得哈佛大学荣誉学位的发明家、科学家本杰明·富兰克林有一次接到一个年轻人的求教电话，并与他约好了见面的时间和地点。当年轻人如约而至时，本杰明的房门大敞着，而眼前的房子里却乱七八糟、一片狼藉，年轻人很是意外。

没等他开口，本杰明就招呼道：“你看我这房间，太不整洁了，请你在门外等候一分钟，让我收拾一下，你再进来吧。”然后本杰明就轻轻地关上了房门。

不到一分钟的时间，本杰明就又打开了房门，热情地把年轻人让进客厅。这时，年轻人的眼前展现出另一番景象——房间内的一切已变得井然有序，而且有两杯倒好的红酒，在淡淡的香气里漾着微波。

年轻人在诧异中，还没有把满腹的有关人生和事业的疑难问题向本杰明讲出来，本杰明就非常客气地说道：“干杯！喝完酒你就可以走了。”

手持酒杯的年轻人一下子愣住了，带着一丝尴尬和遗憾说：“我还没向您请教呢……”

“这些……难道还不够吗？”本杰明一边微笑着一边扫视着自己的房间说，“你进来又有一分钟了。”

“一分钟……”年轻人若有所思地说，“我懂了，您让我明白用一分钟的时间可以做许多事情，可以改变许多事情的深刻道理。”

哈佛提醒学生说：“你荒废的今日，正是昨日殒身之人祈求的明日。”每一个“今天”都是十分珍贵的，我们要做的就是尽力让自己的每一天过得充实而有意义。珍惜眼前的每一分每一秒，也就珍惜了所拥有的今天。明天再美好，也不如把握当下，多做点实事。每个人都要懂得珍惜时间、把握时间，从今天开始，从现在做起。

上天总是偏爱珍惜时间的人

> 阿尔伯特·爱因斯坦
> 著名物理学家
> 成功＝艰苦劳动＋正确的方法＋少说空话。

这个世界上总有一些人，似乎独得上天的钟爱，或是功勋卓著，或是高官显位，或是家财万贯，或是受人尊重。那么，是这些人天生就是上天的宠儿吗？成功者是否有某种基因在其中呢？

一个人的成功是多个因素共同作用的结果，有时代的需求，有所处环境的支持，但更重要的是个人的天分与努力，可以说是天时地利人和缺一不可。人无法选择他的出身，也无法选择他所处的时代，但他可以选择努力奋斗，去实现自己的人生理想。自古以来，大凡取得成就的人，无一不是非常珍惜时间的。当然，在那些分秒必争的人的奋斗历程中，上天也给予了他们丰厚的回报。

司马光是我国北宋时期著名的政治家，也是当时了不起的大学问家。流传千古、影响深远的历史著作《资治通鉴》就是他编写出来的。

司马光小时候在私塾里上学，总认为自己不够聪明，他甚至觉得自己比别人的记忆力差。为了训练自己的记忆力，他常常要花比别人多两三倍的时间去记忆和背诵书上的东西。每当老师讲完书上的东西，其他同学读了一会儿就能背诵，于是便纷纷跑出去玩耍了。司马光却一个人留在学堂里，关上窗户，继续认真地朗读和背诵，直到读得滚瓜烂熟，合上书本，能背得一字不差，才肯罢休。

他还利用一切空闲时间，比如骑马赶路的时候，或者夜里不能入睡的时候，一边默诵，一边思考文章的内容。久而久之，他不仅对所学的内容能够记诵，而且记忆力也变得越来越好，少时所学的东西，竟至终身不忘。由于他从小学习一丝不苟，勤奋努力，为他后来著书立说奠定了坚实的基础。

司马光一生坚持不懈地埋头学习、写作，经常是废寝忘食。他住的地方，除了书本，只有非常简单的摆设：一个板床、一条粗布被子、一个圆木做的枕头。

为什么要用圆木做枕头呢？原来是这样的，司马光常常读书到很晚，他读书读累了，就会睡一会儿，可是人睡觉的时候是要翻身的，当他翻身的时候，枕头就会滚到一边，这时他的头自己会碰到木板上，这样一振动，人自然也就醒了。于是，他就马上披衣下来，点上蜡烛，接着读书。后来他把那个圆木枕头看成有思想的东西，给它起了个名字，叫“警枕”。

就是凭着这种夜以继日永不懈怠的精神，司马光和他的助手编成了《资治通鉴》这本历史巨著。

鲁迅先生说过，时间，每天得到的都是二十四小时，可是一天的时间给勤劳的人带来智慧与力量，给懒散的人只能留下一片悔恨。珍惜每分每秒，上天必然回报你成就辉煌；而抱着“做一天和尚敲一天钟”的思想得过且过，消磨时间，那么你就注定会失败。劝君莫惜金缕衣，劝君惜取少年时。尤其是作为青少年的我们，貌似正青春，有大把的时间可以挥霍，古语有云：时间易逝。别等到老了以后回过头来才发现时间的可贵，最后落得老大徒伤悲的结局。

如果说司马光的例子离我们太过遥远，那美国建国领袖之一的富兰克林能给我们更多的启示。富兰克林一生只在学校读了两年书，但他最终成为美国著名的政治家、物理学家，同时也是出版商、印刷商、记者、作家、慈善家，更是杰出的外交家及发明家。他是美国独立战争时重要的领导人之一，参与了多项重要文件的草拟，并曾出任美国驻法国大使，成功取得法国支持美国独立。本杰明·富兰克林曾经进行多项关于电的实验，并且发明了避雷针。他还发明了双焦点眼镜、蛙鞋等。本杰明·富兰克林被选为英国皇家学会院士。他曾是美国首位邮政局长。他之所以能够有这么大的成就，很重要的一点就在于他懂得珍惜时间、善于规划自己的时间，能够有效地将自己的时间利用起来，做时间的主人。

为了加强对自己时间的管理，富兰克林总是把每天作息时间的安排列成一个表，规定自己在何时工作，在何时休息，在何时又该做点儿文艺活动，或者在何时该做些什么其他事情。下面就是他一天的作息时间表。

5时至7时：

起床、梳洗、祷告。

规划白天的事务并下决心。

读书和进修。

早餐。

在这段时间里，他向自己提出一个很有意义的问题："我这一天将做些什么有益的事？"

8时至11时：

工作，切实执行订好的一天工作计划。

12时至下午1时：

读书，或查账。

吃午饭。

下午2时至下午5时：

工作：

把未做好的工作迅速完成；

把已做好的工作进行仔细检查；

有错误的地方立即改正。

晚上6时至晚上9时：

整理杂物，把用过的东西放归原处。

晚餐、音乐、娱乐或聊天。

做每天的反省。

在这段时间里，他向自己提出了一个能帮助自己反省的问题："我今天做了些什么有益的事？"

晚上10时至第二天4时：

睡眠，好好地睡眠。

他曾经说过这样一句话："你热爱生命吗？那么别浪费时间，因为时间是组成生命的材料。"

是的，时间是组成生命的材料。对于我们所有人来说，一天之中“生命的材料”就是二十四小时，它们可以用来睡觉、吃饭、工作、学习、游戏，甚至发呆及做其他你想做的事，或是任它流逝。然而所谓的珍惜时间，就是我们用行动赋予时间以意义，让时间帮助我们来雕刻人生的艺术品。我相信，大家都喜欢精雕细琢的艺术品，正如上天偏爱珍惜时间的人。

你不管理好时间，时间就不会善待你

> 约翰·洛克
> 英国哲学家、经验主义的开创人
> 抛弃今天的人，不会有明天；而昨天，不过是行云流水。

时间每时每刻都在运行，它如流水，转瞬即逝。它也不会因为任何人、任何事而停留一秒。就在你不经意间，它便偷偷溜走了。

李开复曾说过：“人的一生两个最大的财富是：你的才华和你的时间。

才华越来越多，但是时间越来越少，我们的一生可以说是用时间来换取才华。如果一天天过去了，我们的时间少了，而才华没有增加，那就是虚度了时光。所以，我们必须节省时间，有效率地使用时间。”

时间意味着一切。那些有着杰出成就的、在自己的人生道路上有所建树的人大都有着良好的时间习惯，他们懂得如何珍惜时间、如何管理时间，因为他们知道，要想成为一个成功的人，就必须能管理好自己的时间，因为你不管理好它，它就不会善待于你。

其实，很多人都不知道怎么去管理自己的时间。有的人天天忙，忙得跟勤劳的小蜜蜂似的，一天二十四小时都不够用的，恨不得自己立马变出三头六臂来，成天除了学习，就是学习，整个人累得跟狗一样，成绩却不见得有所提高。这种人懂得要珍惜时间，然而他却忘记了管理时间。毕竟每个人的时间和精力都是有限的，如何在有效的时间内做有效的事情，把每件事情都提前安排好，让自己不瞎忙，将做的每一件事情都落在点子上，再按规划好的时间表，挨个去执行，这样才不至于让自己看着比国家总理还忙，却收效甚微。

在一次上时间管理的课上，教授在桌子上放了一个装水的罐子，然后又从桌子下面拿出一些正好可以从罐口放进罐子里的鹅卵石。当教授把石块放完后问他的学生：“你们说这个罐子是不是已经满了？”

“是。”所有的学生异口同声地回答道。教授笑而不语，接着他又从桌子底下拿出一袋碎石子，把碎石子从罐口倒下去，摇一摇，再加了一些进去，此时，他又问学生：“你们说，这个罐子现在是不是已经满了，满到装不下别的东西了？”这回他的学生不敢回答得太快，因为他们不知道老师又会拿出什么法宝来让这个瓶子可以继续盛下什么东西。最后，班上有一位学生怯生生地回答道："也许还没满。"

"很好！"教授说完后，又从桌下拿出一袋沙子，慢慢地倒进罐子里。倒完后，他再问班上的学生："现在请你们告诉我，这个罐子是满的呢？还是没满？"

"没有满。"全班同学这下学乖了，大家很有信心地回答说。"好极了！"教授再一次称赞这些"孺子可教也"的学生们。称赞完了以后，教授从桌底下拿出一大瓶水，把水倒在看起来已经被鹅卵石、小碎石、沙子填满了的罐子。当这些事都做完之后，教授问学生们："我们从上面这些事情中得到了什么重要的启发？"

班上一阵沉默，然后一位学生回答说："无论我们的工作有多忙，行程排得多满，如果要逼一下的话，还是可以多做些事的。"这位学生回答完后心中很得意地想："这门课到底讲的是时间管理啊！"

教授听到这样的回答后，点了点头，微笑道："答案不错，但这并不是我要告诉你们的重要信息。"说到这里，这位教授故意顿住，看了一眼全班同学，说："我想告诉各位最重要的信息是，如果你不先将大的鹅卵石放进罐子里去，你也许以后永远没机会把它们再放进去了。"

那个学生说的没错，在我们繁忙的工作学习中，时间确实就像海绵，可以逼一下、挤一挤，时间就多出来了。但是如果一个人不会管理时间，那么他就像教授说的已经失去了机会，失去了把它们再放进去的机会，失去了成功的机会。

是的，有时候时间就是这么无情。因为你没有好好管理它，那么它当然也就不会善待于你。然而一个能够把自己的时间管理好的人，时间一定会赋予他更多的回报，他一定是一个人生赢家，他所做的每一事，都会有意义。

北宋著名的文学家、书法家、画家苏东坡先生一定是一个善于管理时间的人。不然他哪来那么多的时间把自己变成一个全才，而且在很多领域的建树都是历史大师级别的。喜欢游山玩水的他，诗词歌赋，流传了多少经典，自不用说；苏黄米蔡，书法也是居宋四家之首；画墨竹的水平也是相当了得；处理朝政，也是政绩颇丰；就连名垂千古的东坡肉也因他而闻名。如此多的、不可思议的成就集中在苏东坡一个人身上就跟玩儿似的，仿佛他轻轻松松就搞定了一切。

所以，好好管理起自己的时间吧，当你充分合理地利用好它时，它就会助你一臂之力，让你轻松上阵，直奔成功的大门。

如何高效地管理好时间

请扪心自问一下：你是一个能高效地完成自己计划的人吗？你能妥善地找到学习、休闲之间的平衡吗？你能今日事今日毕，完成所有你当天需要完成的学习任务吗？你能轻松开心地过好每一天吗？如果不能，即使你已经忙到焦头烂额、废寝忘食的地步，也只能说明你是一个无法有效地管理好自己时间的人。

所以，你想让自己轻松就搞定一切，能更好地利用时间取得理想的学习效果，而且还有富余的时间做一些别的事情吗？从高效地管理好自己的时间开始吧？下面将和大家分享一下如何能够做到高效地管理好自己的时间。

1. 知道你的时间是如何花掉的

管理大师彼得·德鲁克在时间管理中提出，要想高效管理时间，首先要了解自己的时间是怎么花掉的，这对于我们来说是非常重要的。因为对于那些浪费我们时间的小毛病，我们常常是很容易忽视的。有时我们可能会在做作业时突然想起干点其他事情；在背单词时，又想起要默写课文……你可以挑一个星期，将这个星期中每天做的事情都记录下来，然后做一个分类，比如读书、准备考试、社团活动等，统计一下，看看自己哪些方面花的时间多。一周结束后，系统分析一下这周你的时间如何可以更有效率地安排？哪些活动的占比太大，可以免掉？哪些地方可以提高点效率？如何更好地规划自己的时间。

2. 学会每天给自己列一个清单

每天睡觉之前，把明天要做的预习、准备的东西或是学习科目和进度写下来，记住，一定是要写下来，请你不要轻易相信你能把所有的事情都记住，再则我们还需要根据它们的难易程度、重要程度和紧迫程度进行一个分类，然后将它们重新列在另外一张白纸上。将这张白纸随身携带，按照这张纸上罗列的先后顺序去完成，完成一项在后面打一个勾。这张单子不仅会让你产生紧迫感，同时还会让你在做事情或学习的时候变得更加有条理，也可以更进一步地让你有足够的信心去管理好自己的时间。

3. 充分利用好课堂时间

在课堂上要集中注意力，认真听讲，跟着老师的思路，及时发现问题、解决问题。研究表明，如果一个人能够充分利用课堂时间，认真学习，就能掌握80%的知识，如此高效率的学习，远比你课后花大把的时间学习的效果要好得多。而且通常老师会讲得比较有条理，也会着重给大家讲一些重点难点，这对你更好地掌握所学有很大的帮助。

4. 把你的时间碎片利用起来

当你在整理你一周都干了什么时，你一定会发现自己每天有很多时间都浪费掉了，如等车的时候、排队的时候、坐地铁的时候、刷朋友圈的时候、发呆的时候。勤奋聪明的人懂得利用这些碎片化的时间来背单词、打电话、温习功课等。千万别小看这一点点的时间，积少成多，这就是那些优秀的人比你优秀的很重要的一方面。请记住无论自己忙还是不忙，都要把那些可以利用时间碎片做的事先做好规划，到你有空闲的时候再有计划地拿出来做。

5. 安排“不被干扰”的时间

每天你至少要有半小时到一小时的“不被干扰”时间。假如你能有一小时的时间完全不受任何人干扰，就把自己关在自己的空间里面思考或者学习，这一小时可以抵过你一天的学习效率，甚至有时候这一小时比你三天学习的效率还要高。

6. 懂得运用“二八原则”

一个人如果利用最高效的时间，只要20%的投入就能产生80%的效率。相对来说，如果使用最低效的时间，80%的时间投入只能产生20%的效率。试着在自己头脑最清醒的时候，学习一些最重要的内容，比如用于最困难的科目和最需要思考的学习上。所以，我们要把握好一天中20%的最高效时间，这个高效时间，有些人是早上，也有些人是下午和晚上。

第十章

磨炼，在苦难中成长

哈佛教授康拉德·布洛奇说：“无论你的生活状况是好还是坏，当痛苦到来，请不要沮丧和逃避。因为，它同样是我们人生中宝贵的财富，勇敢地面对，你会体会到人生另一种滋味。”有磨炼才叫成长，才会让你变得更强大。

挫折，永远没有想象中那么可怕

托马斯·阿尔瓦·爱迪生
美国著名发明家
失败也是我需要的，它和成功对我一样有价值，只有在我知道一切做不好的方法以后，我才能知道做好一件工作的方法是什么。

当我们在向着自己的伟大目标奔跑时，这个过程并不是一帆风顺的，因为路很长，有平坦的水泥路，也有曲折的山路，有时候还会有拦路的石头让你摔一个大跟头，或许还会受很重的伤。这就是所谓的挫折。当挫折和困难来临时，很多人先是一顿抱怨，然后愈发觉得这些东西太让人感到不适和痛苦了，随后选择转身逃走。在面对各种坎坷时，多数人选择了退却，觉得自己永远不可能战胜它们，还不如返回自己的安乐窝来得舒服。

是的，人的一生难免会遇到各种各样的困难和挫折。逆境虽然会让你感到痛苦，但它远没有你想象中的那么可怕。换句话说，你害怕、退却，其实你是被自己打败了。因为你已经在自己的精神上进行了一次“自我恐吓”，你不断地设想各种挫折，联想各种失败。你不相信自己的能力能战胜挫折发出的挑战，你也没有勇气喊出“我不怕失败”。这样的你最后的结果肯定就是不战而败。

1982年12月4日，尼克·胡哲出生在澳大利亚墨尔本。然而，这个新生命的降生，给父母带来的并不是惊喜，而是惊恐。小尼克·胡哲一生下来就患有“海豹肢症”，没有双臂和双腿，只在左侧臀部以下的位置有一个带着两个脚趾头的“小脚”，后来他自嘲地称它为“小鸡脚”。

父母在经历了最初的惊愕和痛苦后，冷静地接受了这个现实。他们从没想过要放弃这个孩子，而是希望尼克能像普通人一样生活和学习。父母像对待正常孩子一样，教尼克做能做的一切。18个月大的时候，父亲就把他放到了水里，让他学习游泳。他6岁那年，身为电脑程序员和会计师的父亲就开始教儿子用两个脚指头打字。“父母和所有亲人都很疼爱我。我天生与别人不同，但他们却从没提起过我的身体异于常人。在五六岁时，我知道自己没有手脚，然而我真的认为没什么大不了的。”

当然，家庭的关爱并不能完全遮蔽别人异样的目光和嘲笑。在学校里受到同学欺负，尼克毫无还手之力。8岁的时候，尼克非常消沉，甚至冲母亲大喊他想死。10岁时的一天，他试图把自己溺死在浴缸里，但是没能成功。在绝望之时，父母的爱让尼克度过了最艰难的一段时期，他们一直鼓励尼克学会面对困难，尼克也逐渐交到了朋友，变得乐观而又勇敢。

真正让尼克发生改变的事情发生在13岁那一年。他看到报纸上的一篇文章，上面刊登了一个残疾人自强不息，通过为自己设立一个个人生目标并逐一去实现从而走出困境找到人生意义的故事。尼克深受启发，决定振作起来，以帮助他人作为自己的人生目标。

通过自己的不断努力，他获得了双学士学位，担任着国际公益组织“没有四肢的生命”的总裁，创办了自己的演讲经纪公司，同时投资房地产和股票。骑马、游泳、冲浪、打鼓、踢足球，他样样皆能。年仅 30 岁，他已踏遍世界各地，接触逾百万人，激励和启发着他们的人生。尼克相信：没有手脚，并不是一件多么糟糕的事情，因为换个角度来说，也许这正是上帝在帮他从更贴近生活的角度去欣赏世界。

尼克·胡哲，在他没有四肢的生命里，用顽强、乐观和一颗感恩的心，书写了无数的生命奇迹，也向世人展示了属于他的精彩。

挫折，在弱者看来是压垮生命的重担，在强者看来是百炼成钢的烈焰。尼克·胡哲用他的亲身经历告诉我们，他在遭受生活的挫折后，还能坚忍乐观地充分诠释生命的意义。人生最可悲的并不是失去四肢，而是被挫折打败，然后失去对生活的希望。

俗话说：挫折像弹簧，你弱它就强。所以其实考试失利、竞赛落榜，所有的这些小挫折都只是暂时的。只要你在挫折面前不低头，重新振作起来，继续努力，就一定能取得令自己满意的成绩。

请勇敢地正视挫折吧，逆境虽然让人痛苦，但经受挫折失败，可以增加人生的“财富”，磨难的同时也是磨炼。相信经过挫折的洗礼，你会变得越来越优秀。

阳光总在风雨后

卡尔·海因里希·马克思
德国伟大思想家、哲学家、经济学家、社会学家
在科学上没有平坦的大道，只有不畏劳苦沿着陡峭山路攀登的人，才有希望达到光辉的顶点。

俗话说，“梅花香自苦寒来”“阳光总在风雨后”。若想享受成功的阳光，就必然要接受风雨的洗礼。如果你害怕挫折，就永远不能到达成功的彼岸。

只有能面对困难和挫折而毫无惧色的人，才能到达成功的顶峰。

我国著名的科普作家高士其，23 岁因患甲型脑炎留下了严重后遗症，从此全身瘫痪，头部僵直，动作艰难。1978 年，一场大病又彻底破坏了他的说话能力。但他并没有被自己的残障所征服，他顽强地克服了病残带来的无数困难，坚持用颤抖挛缩的手，忍痛一笔一画地进行写作，终于完成了百余万字的创作。

伟人之所以能成为伟人，往往是因为他们经历过常人所没有经历过的挫折，并且战胜了它，才会有比常人更突出的成就。温室里的花朵永远经受不了烈日和暴风雪，鸟笼里的小鸟也永远无法在野外独自生活，只有高高挺立的松柏才能四季常青。

马尼尔·托雷斯是西班牙马德里市一家摩托车厂的普通喷漆工。三年前的一天，马尼尔正在车间里给摩托车外壳喷漆，厂长在巡视时见他工作挺认真就夸了他几句，马尼尔竟然连喷嘴都没关就转过身去，红色的油漆刹那间喷到了厂长的白衬衫上，厂长被弄得哭笑不得，尴尬地走了。同事们便纷纷嘲笑马尼尔真是个蠢蛋。

本来事情应该就这样过去了，可在一个月后，又发生了一个小小的意外。那次厂里举办一个庆典活动，建议员工都带着自己的爱人参加。他陪着妻子走遍大半个马德里，终于挑到一件最满意的外套。然而到参加聚会时才发现，一位女性车间主任的着装竟然和马尼尔妻子的一模一样。主任瞟了几眼马尼尔的妻子，对马尼尔说：你不是会喷衣服吗？为什么不给你妻子喷一件独一无二的衣服呢？这番话惹得同事们再一次哈哈大笑起来。

马尼尔和妻子羞愧得说不出话来，无趣地离开了。路上，马尼尔咀嚼着车间主任的话，突然灵光一闪：如果真能发明一种喷罐面料，会怎么样？第二天，马尼尔向工厂提出了辞职，说："是我的那件蠢事给了我灵感，我要回家研究用喷漆的方式制作衣服！"

"你要研究用喷漆的方式制作衣服？这简直太荒谬了！"厂长不屑地嘲笑道，但马尼尔去意已决，他也只能批准了。

辞职后，马尼尔把大量的时间都用来查阅各类资料和书籍，生活的担子全落在了妻子一个人肩上，这让妻子非常不满，时常发牢骚说他已经被同事们笑傻了。但马尼尔并不介意，他依旧继续着自己的研究，并且开始频繁拜访许多大学的化学教授和时装设计师，希望能发明出一种速干、廉价的无纺布料，做出像皮肤一样合身而且绝对不会雷同的衣服。

两年来，马尼尔尝试着把棉纤维、塑胶聚合物和可溶解化学成分的溶剂组合在一起，终于发明出不需一针一线编织或缝合也能结合在一起的面料。又经过半年多的研究和实验，马尼尔从天然纤维到合成纤维，从基色到荧光色，研发出了花样繁多的面料。

马尼尔请来一位模特带上护目镜，将喷嘴对准她身体轻轻一喷，一件纯白色T恤就穿在了模特身上，而如果担心纯白T恤略显过时，还可以给T恤喷上其他颜色，让它变得更加吸引眼球。当然，喷好的衣服也能脱下来清洗，再次穿到身上。除了T恤，马尼尔还充分发挥想象力，喷制出连衣裙、裤子、泳装或者帽子等，再也不必担心衣服不合身或者撞衫。甚至，当人们厌倦某种设计后，还可以把面料再次溶解，然后重新做成其他款式。

2014年9月，马尼尔向政府申请了专利，并成立喷罐面料有限公司和研究团队，致力于科技和设计的交叉学科研究，时装界更是把这种喷罐制衣称作面料与时装界的奇迹，争先恐后地与他签订长期合作协议。下一步，马尼尔准备进军医药和其他领域，生产喷制绷带、药膏等。

如果说这是一个奇迹，那就是一个被嘲笑出来的奇迹。“我感谢曾经嘲笑我的每一个人！”在一次新产品的发布会上，马尼尔这样说道。

哈佛教授康拉德·布洛奇说：“无论你的生活状况是好还是坏，当痛苦到来，请不要沮丧和逃避。因为，它同样是我们人生中宝贵的财富，勇敢地面对，你会体会到人生另一种滋味。”

青少年想要有所成就，就一定要有不怕失败、不怕挫折、百折不挠的精神。面对挫折时不要畏惧，我们要相信：在这个世界上从来没有永无止境的困境。无论黑夜多么漫长，朝阳总会冉冉升起；无论风雪怎样肆虐，春风总会缓缓吹拂，要知道不经历风雨，哪能见到美丽的彩虹呢？

有磨炼才叫成长，才会让你变得更强大

> **威廉·莎士比亚**
> **英国著名文学家**
> 与其责难机遇，不如责难自己。

孟子在《告天下》中说：“故天将降大任于斯人也，必先苦其心志，劳其筋骨，饿其体肤，空乏其身，行拂乱其所为，所以动心忍性，曾益其所不能。”意思是说如果上天要把治理天下的大任交给你的话，那么，一定要先使你的精神、肉体受到磨难，只有这样，才能增长你的智慧和才干。这段话不仅成为儒家的经典言论，也成为人在逆境中激励自己自强不息的精神力量。

诚然，在我们漫长的人生道路上，不知道还要经历多少的挫折和磨炼。然而，苦难却是人生旅途中不可绕行的驿站，是成功道路上必须翻越的山峰，我们要迎难而上，毫不畏惧，即使跌倒了也要爬起来，失败了也要鼓起勇气去奋斗，只有这样才能培养起过硬的素质，让自己变得更加强大，才能抵达成功的彼岸。

我们要把挫折转变成一种锻炼自己的法宝，用挫折将自己打造成一个强者，因为有一种磨炼叫作成长，成长需要挫折。

“我的人生中只有两条路，要么赶紧死，要么精彩地活着。”这是无臂钢琴师刘伟在面对人生打击时的选择。

生活对于刘伟来说实在是太残酷了，因触电意外，让这个年仅 10 岁的小男孩失去了双臂，但这个倔强的孩子没有向命运屈服，12 岁时，他开始学习游泳，并加入了北京市残疾人游泳队。14 岁的他，在全国残疾人游泳锦标赛上夺得了两枚金牌和一枚银牌！此时的他也仿佛看到了自己光明灿烂的前景，他要向奥运金牌冲击！

然而，命运再次给了他无情的打击：由于伤病，他再也不能跳进泳池了。这个顽强的少年哭了，他不明白，命运为什么要对他这样苛刻！然而，他没有一蹶不振，他知道，逃避和沉沦解决不了任何问题，在生活的磨难面前，只有正视它，勇敢地面对它，他才能变成一个真正的强者，他坚信只有永不言败才能走出精彩的人生。

于是，19 岁的他开始学习钢琴，刘伟靠着每天七八个小时的刻苦练习，一年下来，用脚弹琴达到了正常人的钢琴七级水平。当他 23 岁登上维也纳金色大厅的舞台，无臂钢琴师用自己的双脚演奏了一首优美动听的曲子，现场响起了雷鸣般的掌声。全世界都被他坚韧不拔、积极乐观的精神所感动。

不要抱怨生活给你太多的磨难，也不要抱怨学习给予你太多的曲折，磨难其实是人生最宝贵的财富。《老人与海》里有这样一句话：生活总是让我们遍体鳞伤，但到后来，那些受伤的地方一定会变成我们最强壮的地方。那些不能摧毁我们的，只会让我们变得更强大。我们应当在苦难中找到奋斗的源泉，要越挫越勇。

如果你想精彩地活着，就把磨难当成一次次难得的学习机会，把磨难当成你登上成功的阶梯，你的助动力。人生就如雄鹰一般，只有经过了无数次的跌落，才能练就强硬的翅膀去搏击长空。

如何磨炼自己的意志

古语有云："有志者事竟成。"它充分说明了意志对于一个人的重要性。它可以让我们调节自己的心理和行为去战胜困难，实现心中的理想。

心理学研究认为，一个人的意志不是天生的，而是通过后天的教育在实践中形成的。泰戈尔曾经说过：“只有经过地狱般的磨炼，才能创造出飞向天堂的翅膀，只有流过血的手指，才能弹奏出世间的绝唱。”那么，我们要如何磨炼自己的意志呢？

1. 要有自信，要学会相信自己

无论你要做什么事情或是遇到什么事情，首先要有自信，要学会相信自己，相信自己一定能做好，一定能成功，一定能挺过去。特别是当你遇到困难或是挫折时，一定要采取积极的态度，敢于去面对，要相信方法总比问题多，让你的意志相信你一定能很好地完成和妥善地处理好你要做的事情。时刻相信自己是最棒的，不久之后你会发现，无论你做什么事情都会变得简单得多。

2. 从一些小事开始，锻炼你的意志力

俗话说：“冰冻三尺，非一日之寒。”一个人要想有强大的意志力，就必须懂得时常锻炼自己的意志力。比如，可以通过艰苦的劳动，在险恶的环境中生活或是做一些高强度的锻炼来提高自己的意志力，也可以通过平凡的生活来磨炼人的意志。作为一个青少年应注重从生活方面来锻炼自己的意志力，如遵守学习与生活制度，锻炼身体，练习书法，写日记，等等。别小看这些平凡的生活，它们也可以让你的意志力变得异常强大起来。

3. 做一些你不喜欢的事情

你不可能对任何事情都喜欢，都感兴趣，挑一些平时你不喜欢的事情来做，比如，每天必须背诵乏味的英语文章中的几段话；看一本很厚但是你非常不想看的书；和你不喜欢的人但是对你会比较有帮助的人聊聊天。当你在强迫自己做一件不喜欢的事情时，恰恰是考验和锻炼意志的最好机会。所以如果你想锻炼自己的意志力，就强迫自己积极地去做这些事情吧。

4. 珍惜挫折带给你的锻炼意志的机会

据说经受过大的挫折和磨难的人通常都会有大的作为。所以，当我们遇到这样那样或大或小的困难时，不要只想着害怕和逃避，因为那样无益于我们的意志力培养，更会让我们把自己变成一个遇事只懂得半途而废的弱者。青少年们，在学习的路上，一定会遇到各种各样的挫折，请珍惜它们，把它们当成磨炼自己的一次机会。在你的不懈努力下，你一定能不断提升自己的意志力。

5. 学会利用榜样的力量

每个人心中都可能有一个榜样人物。我们可以通过看一些自己榜样的书和电视节目，去了解他们在遇到不如意时或是逆境时是如何坚定意志，坚强思想，让自己的内心强大起来的，以及看看他们是如何处理事情，因为，榜样的力量是无穷的。

第十一章

拖延症，戒了吧

“拖延等于死亡。”这不是危言耸听。如果你想早点成功，就要离拖延症远一点。因为它会慢慢地消磨你的心智，吞噬你的健康。当你在还“想”的时候，你发现自己已经老了，生命就这样被浪费掉了。

拖延等于死亡

比尔 · 盖茨
美国微软公司联合创始人
立即行动，不要拖延，适者生存。

成千上万的人都拥有雄心壮志，但为什么有的人如愿以偿了，而更多的人还在原地打转？答案是，大多数人都得了一种叫作拖延症的病。

某天清晨，杰克在上班途中信誓旦旦地下定决心一到办公室就着手草拟下年度的部门预算。

九点整他准时进了办公室，却没有马上开始做预算的草拟工作，因为他突然看到自己那凌乱的办公桌，就想着先把它整理一下再说。于是，杰克花了 30 分钟的时间整理了他的办公桌。

虽然未能按原定计划在九点钟开始工作，但他丝毫不感到后悔，因为 30 分钟的清理工作不但已获得“显著”的成效，而且它还有利于以后工作效率的提高。他得意地随手点了一支香烟稍作休息。此时，他又发现报纸上的彩图照片是自己喜欢的一位明星。于是，他便情不自禁地拿起报纸看了起来。等他把报纸放回报架时又过了10分钟。正当他准备埋头工作时电话响了，那是一位顾客的投诉电话。他连解释带赔罪地花了20分钟的时间才让对方平息怒气。挂上电话后，他去了趟洗手间。在回办公室途中他闻到咖啡的香味。原来另一个部门的同事正在享受着“上午茶”，他们邀杰克加入。结果他毫不犹豫地应邀加入，便在那里前言不搭后语地聊了一阵。回到办公室后，他满以为自己可以开始“正式工作”——拟定预算了。可是一看表，已经十点四十五分了，距离十一点的部门例会只剩下十五分钟。杰克想反正在这么短的时间内也不太适合做如此庞大且耗时的工作，干脆把草拟预算的工作留到明天去做得了。

你会经常听这些人说：“我知道我今天应该做这件事，但是我现在的状态不好，要做也肯定做不好，我还是先休息一会儿再做吧。”然后休息完了也就把这茬忘得一干二净了，或许其中有些人还记得，他们中的一些人又会找出各种理由说：“反正要放五天假，明天做也不迟。”于是便开始明日复明日，万事成蹉跎了。

本来慢慢做可以非常漂亮并且轻松地完成任务，却因为拖沓导致任务完成仓促，虎头蛇尾。

有人说：“我在最后一刻，才能让自己的效率爆棚。”听上去很有道理，似乎很多人也都这么在做。在截止日期来临之前，最后一刻的效率好像奇高无比，由于时间紧迫，所以便奋力一搏，在极其有限的时间内把所有的工作学习都做完了。其实很多人的效率一直都不低，只是他们不愿意太早做，都是在最后一刻才开始而已，这才有了最后一刻效率最高的错觉。既然如此，何不早点开始，早点结束，然后安心踏实地用剩下的时间去做一些自己感兴趣的且也很有意义的事情呢？

其实，拖延症还会给你带来很多的负面影响。它会让你陷入烦躁的情绪中，当你没有把当天应该做的功课做完，或未按规定预习复习相关的知识，越临近考试时，你会越感到自己会的太少，需要做的题目、需要复习的内容越多，于是你会开始变得焦躁不安，面对着堆积如山的作业和练习，你却不知道该如何下手，费时费力、加班加点不说，一股脑地填鸭式的学习方式只会让你事倍功半，收效甚微。它还会让你一再地遭受心理挫折，让你对自己越来越失去信心，加之别人对你的诸多不良评价，会让你不断地怀疑自己的能力。长此以往，只会引起恶性循环，导致原本就有拖延症的人加剧他们的拖延行为。

有句格言说："拖延等于死亡。"这不是危言耸听。我们拖延得了时间，却拖延不了生命的长度，本质上还是在浪费我们的生命。要知道一辈子就那么长，一些事情现在不做，拖到以后就不一定能做了。总会有一天，我们不再拥有拖延的能力，时限将至，未完成的终归没有完成，只能将剩下的时间归咎于自己的懒，归咎于自己的过错，最后带着悔恨接受结果。

所谓成功要趁早，如果你想早点成功，就要离拖延症远一点。因为它会慢慢地消磨你的心智，吞噬你的健康。当你在还"想"的时候，你发现自己已经老了，生命就这样被浪费掉了。

拖延会让你一事无成

> 乔治·布什
> 美国总统、哈佛学子
> 要把握时机确实要眼明手快地去“捕捉”，而不能坐在那里等待。

“懒惰”和“拖延”这两个词似乎是毫无关系，然而正是因为我们想偷点儿懒，产生了懒惰心理，从而产生了拖延，这是一种惰性的积压，慢慢地，大家在做任何事情时首先会想到拖延，有的甚至是无限制地拖延下去，最后落得一事无成的结局。

曾有人做过一项关于《拖延症调查问卷》。他们共收回234份问卷，其中女性125名，占53%；男性109名，占47%，答卷者九成都是在校的学生，而且是以研究生为主。

在调查中，仅有3%的人表示他们从不拖延；认为自己偶尔拖延或总是拖延者居多，分别占到了48%和40%；其中有8%的人认为拖延已经严重影响了他们的学习和生活。有高达78%的被调查者都意识到拖延症对自身的影响极大，需要尽快改掉。由此可见，拖延现象在学生群体中还是普遍存在且对他们造成了很大影响的。这些受访者中超过八成的人是经常拖延学业，考试都是最后几天通宵达旦地临时抱佛脚。虽然这其中有些人能认真地在最后几天复习进去，但是很大一部分人在这种强化的高压下仍然无法专注学习，然后加剧自己的拖延习惯。

那拖延的时间都去哪儿了呢？大部分的回答是“刷微博、微信朋友圈，上淘宝网站”“看电视剧或电影”“发呆，摆弄东西”“阅读无关书籍”“吃东西、睡觉”。拖延本身就是为了抵制不想做的事，自然会选择想做的事来打发时间。因此，大多数人在拖延时都会选择娱乐性的、不耗费脑力体力的放松项目来做。然而正是这些消遣对你的成长是无益的，它们只会不断地消磨你的时间，让你更加放纵自己。

一位年轻的女士在怀孕时非常高兴地在丈夫的陪同下买回了一些颜色漂亮的毛线，她打算为自己腹中的孩子织一身最漂亮的毛衣毛裤。可是她却迟迟没有动手，有时想拿起那些毛线编织时，她会告诉自己：“现在先看一会儿电视吧，等一会儿再织”，等到她说的“一会儿”过去之后，可能丈夫已经下班回家了。于是她又把这件事情拖到明天，原因是“要陪着丈夫聊聊天”。等到孩子快要出生了，那些毛线还像新买回的那样放在柜子里。丈夫因为心疼妻子，所以也并不催她。后来，婆婆看到那些毛线，告诉儿媳不如自己替她织吧，可是儿媳却表示一定要自己亲手织给孩子。只不过她现在又改变了主意，想等孩子生下来之后再织，她还说：“如果是女孩子，我就织一件漂亮的毛裙；如果是男孩就织毛衣毛裤，上面一定要有漂亮的卡通图案。”

孩子生下来了，是个漂亮的男孩。在初为人母的忙忙碌碌中孩子一天一天地渐渐长大。很快孩子就一岁了，可是他的毛衣毛裤还没有开始织。后来，这位年轻的母亲发现，当初买的毛线已经不够给孩子织一身衣服了，于是打算只给他织一件毛衣，不过打算归打算，动手的日子却被一拖再拖。

当孩子两岁时，毛衣还没有织。

当孩子三岁时，母亲想，也许那团毛线只够给孩子织一件毛背心了，可是毛背心也始终没有织成。

……

渐渐地，这位母亲已经想不起来这些毛线了。

孩子开始上小学了，一天孩子在翻找东西时，发现了这些毛线。孩子说真好看，可惜毛线被虫子蛀蚀了，便问妈妈这些毛线是干什么用的。此时妈妈才又想起自己曾经憧憬的、漂亮的、带有卡通图案的花毛衣。

很多人都跟这位母亲一样，常为自己的拖延找借口：等我思路清晰了再去完成这个重要工作、等我有时间再去探望朋友、等我精神好点再打这个电话、等我想明白了再跟家人谈谈……到最后却发现自己早已延误了最佳时机。

拖延无异于自我欺骗，浪费生命。拖延会使人麻痹自己，认不清自己奋斗的方向而变得毫无斗志。这也和人性的弱点有关。

其实很多时候，我们也能意识到自己有拖延的毛病，也试图想努力改掉它，但总是会有一种心有余而力不足的感觉。但是拖延是阻碍成功的最大绊脚石，它会像腐蚀剂一般，侵蚀你的意志和心灵。

如果你想成为一个优秀的人，一个成功的人，那么你就应该想办法把它从你的身上剔除掉。当然如果你想一辈子就这样庸庸碌碌地过着，你也完全可以放任自己，让自己的拖延症继续恶化下去。

觉得为时已晚的时候，恰恰是最早的时候

> **彼得·德鲁克**
> **现代管理学之父**
> 真正推动社会进步的，是默默地高效率工作着的人。

很多人总是拿太多的理由和借口来为自己的拖延开脱，因为学业太重，因为要做的事情太多，更有甚者是因为已经马上要考试了，现在再来看书已经太迟了。哈佛大学图书馆里有这么一句话："觉得为时已晚的时候，恰恰是最早的时候。"

在华盛顿国立女性艺术博物馆，曾举行过一场名为"摩西奶奶在20世纪"的画展。该展览除了展出摩西奶奶的作品，还陈列了一些来自其他国家有关摩西奶奶的私人收藏品。其中最引人注目的是一张明信片，它是摩西奶奶1960年寄出的，收件人是一位名叫春水上行的日本人。

这张明信片是第一次公布于众，上面有摩西奶奶画的一座谷仓和她亲

笔写的一段话："做你喜欢做的事，上帝会高兴地帮你打开成功之门，哪怕你现在已经80岁了。"

摩西奶奶为什么要写这段话呢？原来这位叫春水上行的人很想从事写作，因为他从小就喜欢文学。可是大学毕业后，一直在一家医院里工作，这让他感到很别扭。马上就30岁了，他不知该不该放弃那份令人讨厌却收入稳定的职业，以便从事自己喜欢的行当。于是他给耳闻已久的摩西奶奶写了一封信，希望得到她的指点。

对于春水上行的信，摩西奶奶很感兴趣，因为过去的大多数来信，都是恭维她或向她索要绘画作品的，这封信却是谦虚地向她请教人生问题。虽然当时她已经100岁了，还是立即做了回复。

那么，到底是什么原因让人们异常关注那张明信片呢？原来，那张明信片上的春水上行，正是在日本乃至全世界都大名鼎鼎的作家渡边淳一。也许正是这个原因，每当讲解员向参观的人讲解这张明信片时，总要附带地说上这么几句话：你心里想做什么，就大胆地去做吧！不要管自己的年龄有多大和现在的生活状况如何，因为，你想做什么和你能否取得成功，与这些没有什么关系。

其实我们用不着寻找任何的借口来掩饰自己的拖延，拖延不可怕，可怕的是拖延却不知悔改或觉得已无悔改的必要了。偶尔累了可以休息，但初心不能遗忘，自己因拖延所浪费掉的那些时间都要以双倍的努力补回来，千万不能一错再错，一拖再拖。所以，不要以为现在改已经为时已晚了，现在改还来得及。

安曼曾经是纽约港务局的工程师，工作多年后按规定退休。开始的时候，他很是失落。但他很快就高兴起来，因为他有了一个伟大的想法。他想创办一家自己的工程公司，要把办公楼开到全球各个角落。

安曼开始一步一个脚印地实施着自己的计划，设计的建筑遍布世界各地。在退休后的30多年里，他实践着自己在工作中没有机会尝试的大胆和新奇的设计，不停地创造着一个又一个令世人瞩目的经典：埃塞俄比亚首都亚的斯亚贝巴机场，华盛顿杜勒斯机场，伊朗高速公路系统，宾夕法尼亚州匹兹堡市中心建筑群……这些作品被当作大学建筑系和工程系教科书上常用的范例，也是安曼伟大梦想的见证。86岁的时候，他完成最后一个作品——当时世界上最长的悬体公路桥——纽约韦拉扎诺海峡桥。

生活中，很多事情都是这样，如果你愿意开始，认清目标，打定主意去做一件事，永远不会嫌晚。如果同学们，你还在像昨天一样懊悔自己拖延时间，那么，请告诉自己，马上行动起来，觉得为时已晚的时候，恰恰是最早的时候。

认为正确的事情要立即行动

> 本杰明·富兰克林
> 美国著名的政治家
> 千万不要把今天能做的事留到明天。

大家一定听过明代诗人钱鹤滩的《明日歌》:“明日复明日,明日何其多?我生待明日,万事成蹉跎。世人若被明日累,春去秋来老将至。朝看水东流,暮看日西坠。百年明日能几何?请君听我明日歌!”不知道大家注意到没有,在短短的这一首诗中,作者提到了七次“明日”。他意在告诫人们要珍惜时间,有想法就要去行动,而不应拖到明天,因为明天还有无穷无尽个明天在等着你。

成功者会告诉你,要想成功,你必须是一个立即行动者。因为每一个成功者都是行动家,而不是空想家。对于他们来讲,时间就是生命,时间就是效率。特别是在你认为正确的事情上,你一定要立即行动。只有这样才能挤出比别人更多的时间,比别人提前抓住机遇。

阿莫斯·劳伦斯也曾说："形成立即行动的好习惯，才会站在时代潮流的前列，而另一些人的习惯是一直拖延，直到时代超越了他们，结果就被甩到后面去了。"当我们心中有一个好想法时，如果你不马上行动，只是站在原地寄希望于万事俱备再去行动，结果一直处在等待中，久而久之，你的主动拖成了被动，最终，那个所谓的"好想法"也只能永远存在于你的脑海中。

一个每天梦想发财的年轻人，几乎每天都去教堂进行祷告："上帝啊，请念在我多年敬畏您的份儿上，让我中一次彩票吧！阿门。"

每天，他的祷告词都一样。几天后，他垂头丧气地来到教堂，同样祈祷："上帝啊，为何不让我中彩票？"以后几天里，他天天如此，做着同样的祷告。

最后一次，他跪在地上，嘴里发出同样的祷告："我的上帝，为何您不听我的祷告呢？让我中彩吧，哪怕就一次，我愿意终身信奉您。"

这时，上帝再也无法忍受了，他威严地说道："我一直在听你相同的祷告，我再也受不了了，你说你想中彩票，那最起码你也该先去买一张彩票来吧？你连买都不买，让我怎么帮助你？"

就如英国诗人布莱克所说，光会想象而不行动的人，只是生产思想垃圾。成功是一架梯子，双手插在口袋里的人是爬不上去的。年轻人只知道祈祷，却忘记付出行动，即使有贵人相助，也不知从何助起。

如果你想成功，请你不要犹豫，不要瞻前顾后，要记住"行动，行动，再行动"。让我们来看一下这个大学生是如何成功的吧！

有一个小伙子当年只有20岁，还只是西部地区一所大学里经济系大二的学生。到了大三那一年，他发现自己更喜欢做一名企业家，他想到商学院学习企业管理。可是，他却没办法转系。系主任告诉他，他以前在大一期末考试成绩不够高，而且现在系里没有多余的名额。

听到这个结果，这个小伙子并没有就此罢休，他立即制订了这样的计划：先通过“旁听”选修所有企业管理的课程，参加他们的授课。一个月后，恰好他听说有一个企业管理专业的学生办理了休学手续，小伙子便抓住了这个千载难逢的机会去补了那个空缺。

到了大四，小伙子学习了企业管理所有的课程并拿了学分。最后一个学期，他拿着成绩单去见了系主任。他问系主任：“虽然我没有被正式接受，但是我是否可以得到企业管理学士学位?”

系主任看完他的成绩单，在感到吃惊的同时也表示很感动。“在我看来，你就是一个企业家。”系主任说，“我不知道有什么理由可以拒绝你的申请。”

最后，小伙子得到了企业管理的毕业证书和学位证书。

这个小伙子的成功，毫无疑问来自他的行动力。

有句话说得好：“心动不如行动!”行动是抵达成功最佳的也是唯一的途径。自己的路必须自己走，一切的获得都只能是依附于实际行动中。

如何戒掉拖延症

据调查，全世界有20%的人患有拖延症，对他们来说，这是一种生活方式。然而，作为本该意气风发、朝气蓬勃的年轻人而言，要意识到拖延带来的危害，要改掉这种慢性“自杀”式的行为。慢慢地，你就会发现，自己的学习效率在不断提升，整个人也变得越来越自信，生活也有规律了，人际关系也逐渐好转起来了。

那么，我们应该如何克服拖延症呢？

1. 分清事情的轻重缓急

每个人的时间都是有限的，所以千万不要让不重要的事情占据你太多的时间。这时，你要想克服拖延症，最需要的就是先分清楚每件事情的重要性，然后对它们进行排序，你要把最好的精力用在最需要完成的事情上。可能这其中也会有很多的干扰，但是你一定要厘清自己的思路，规划好自己的行动。

2. 丢掉完美主义

很多有拖延症的人都希望自己能把事情做得很优秀，很完美，所以他们一直在设想着各种各样的计划、方法，殊不知，他们太注重过程，太想要做到完美，反而一直都没有开始着手去做。要知道，完美只是理想。人可以不断地完善自己，但永远不会做到完美。我们要正确估计自己的能力，在自己的能力范围内，先将事情做好，接着在做好的基础上，看能不能再完善得更好一点。

3. 根据任务制订具体的计划

当我们临时抱佛脚的时候，我们会觉得学习的任务很多、很重。所以针对不同的任务，我们要懂得制订具体的计划。比如有人会给自己制定一个“这学期数学考 90 分以上”的目标，然后就将这个目标束之高阁，却没有采取具体的计划，比如每天要怎么去预习未学的知识，复习已经学过的知识，一天要做几道题来巩固所学的知识等。一定要将一个大目标、大任务分解成一个个小目标、小任务，然后每天按规定去完成它们。

4. 消除干扰因素

在前面我们所说的一个调查中，很多人拖延，就是把大把的时间浪费在刷微信、看朋友圈、逛淘宝、看电视上。所以在我们要开始做一件事情时，一定要告诫自己消除这些干扰因素，关掉手机、电脑、电视，把自己和这些娱乐产品隔离开，你会发现自己的学习效率大增。等你完全做完了所要做的事情，再去看这些东西也不迟。

5. 规定好时间

大多数人会选择拖延是因为时间足够宽裕。所以，我们要让自己尽快地完成任务，就应该给自己设定一个时间，借此来督促自己尽快完成任务。其实，你拖延的时间越长，你会发现自己的效率越低。如果你每次背单词都从第一页开始，第一页背得滚瓜烂熟了，后面的几页却从未看过一眼。规定好每一页的完成时间，而不是毫无止境地将时间不断地浪费在第一页上。

6. 互相监督，形成组织

拖延是可以相互传染的，同样，不拖延也是可以相互传染的。岳晓东曾回忆说：“我在哈佛大学读博士期间，曾参加了一个‘博士论文不拖延小组’，大家每天相互交流论文进度，交换想法，最后论文很顺利地就完成了。”不同的拖延症患者通过组织约束自己的行为也为他人提供经验并相互监督。当然你也可以从你们寝室的同学开始，互相督促，戒掉“拖延症”。

7. 放下抵触情绪

很多人拖延是因为他们的内心存在抵触情绪。比如，对某门功课不好好学习，可能是不喜欢那个老师，或自己内心深处就是不喜欢这门课。然后把这门课的所有任务都往后推，结果导致这门课的成绩越来越不好，越不好就越不喜欢，如此就会形成恶性循环。试着放下这种抵触情绪，认认真真地去完成你的任务，你的成绩肯定会有质的飞跃。

8. 增强自信心

无论做什么事情，都要对自己有信心。因为没有信心，我们就不敢轻易放手去做。在做的时候，也不要患得患失，一旦决定就要坚定地走下去。其中，我们可能会遇到一些困难，一定要相信自己，JUST DO IT（尽力去做吧）。

拖延症，并不可怕。只要你想治好，其实它和减肥一样，坚持下去一定会有成效。

第十二章

独立，为自己的未来买单

人活着，必须要坚持本色，不去迎合别人的期待。只有最真实的自己，才有最美的未来。如果总想着依赖别人，那样的你将永远都无法发现自己的优秀，你的价值也将永远地被埋没。请独立起来吧！为了让自己走得更稳、更久、更好。

依靠自己才不会失望

> **约翰·戴维森·洛克菲勒**
> **美孚石油公司创始人**
> 一个人只有自己依靠自己，他才不会让自己失望，并能增加自己控制命运的机会。聪明人只会去促使事情发生。

古希腊神话中有这样一个故事：

安泰是海神波塞冬和地母盖亚所生的儿子，他是一个有力的巨人和角力能手。凡是经过利比亚的人，他都要找他们格斗，谁输了，谁就得付诸一死，结果那些人全部被他打败了。

勇士赫拉克勒斯在同他角力的时候，发现要打败他几乎是不可能的，因为每次只要他一倒地，起来时总能获得新的力量，他像是拥有着不死之身。赫拉克勒斯把他打倒了三次后，终于找到了他恢复力量的秘密。原来安泰只要不离开他的母亲——大地，他就能源源不断地从母亲那里汲取能量，便能所向无敌。于是赫拉克勒斯用他强有力的手臂把安泰高高举起，在空中将其掐死。

这个故事告诉我们，一个人只有依靠自己，方能成功。如果安泰不是依靠母亲的力量，而是跟母亲刻苦学习本领，那么他也不会这么轻易就被对手掐死了。可见，一个人要想成功，首先要懂得独立，要学会依靠自己，用自己的双手去创造辉煌！

所谓的独立，是指一个人应该更多地依靠自己的力量和独立的见解努力去克服困难和解决问题，而不是完全依靠他人的帮助或依赖他人。哈佛大学要求每一位学生都要独立自主，这里有足够自由的学习氛围，不够独立的人是很难学到真正的知识的。

确实，独立对于每一个人的发展起着决定性的作用。大多数不够独立的青少年离开了家庭和学校的呵护，在面对错综复杂的社会时会感到惶恐，无所适从，甚至出现各种各样的不适应，困难来临时只会灰心丧气，怨天尤人，遇到问题缺乏主见，习惯于在他人的安排下生活等。这都是依赖心在作怪，它让我们经不起生活的磨炼，让我们永远地失去了自我。试想想，如果海伦凯勒在失明失聪后，仅仅依靠父母和别人的帮助生活，那么她能学会说话，成为美国历史上最伟大的女性之一吗？如果曾经沦为乞丐的朱元璋这一生都依靠别人的救助和施舍度日，那么他能成为明朝的开国皇帝吗？

小仲马是大仲马的儿子，可是在小仲马生活的年代，尤其是他还没成名的时候，却有很多编辑并不知道这一事实，因此，小仲马寄出的稿子总是得不到他们的青睐。大仲马得知这一情况后，便对小仲马说："如果你能在寄稿时，随稿给编辑先生附上一封短信，或者只是一句话，说‘我是大仲马的儿子’，或许情况就会好多了。”小仲马不以为然地说：“不，我不想坐在你的肩膀上摘苹果，那样摘来的苹果没味道。”

年轻的小仲马拒绝以父亲的盛名做自己事业的敲门砖，为了掩盖这一事实，他煞费苦心地给自己取了十几个其他姓氏的笔名。然而，编辑们纷纷给予了小仲马退稿的待遇。一张张冷酷而无情的退稿笺更激发了小仲马的斗志，他不相信自己不依赖父亲就做不成事，他不断地修改，坚持创作属于自己的作品。

终于，在万千次失败之后，小仲马迎来了成功，他的长篇小说《茶花女》寄出后，终于以其绝妙的构思和精彩的文笔震撼了一位资深编辑，这位老编辑读完全稿，意犹未尽，于是决定联系作者。令这位编辑大吃一惊的是，《茶花女》这部伟大作品的作者竟是大仲马年轻的儿子小仲马。

得知事实的编辑疑惑地问小仲马：“您为何不在稿子上署上您的真实姓名呢?”小仲马说：“我只想拥有真实的高度。”老编辑对小仲马的做法赞叹不已。《茶花女》出版后，引起了极大的轰动，迅即被译成各种文字在世界上广为流传。法国文坛书评家一致认为这部作品的价值大大超越了大仲马的代表作《基督山伯爵》。小仲马一时声名鹊起，他又把小说改编为剧本。

1852年，五幕剧《茶花女》上演了。剧场爆满，万人空巷。当小仲马将《茶花女》演出大获成功的消息，告诉远在比利时的父亲时，电报上写道：“第一天上演时的盛况，足以令人误以为是您的作品。”父亲立即回电：“我最好的作品正是你，儿子!”

如果小仲马只是依靠父亲的威望，那么就不会有如此卓越的成就了。

这个世界上只有依靠自己才不会失望，只有自己真的有本事，才可能赢得长久的尊重。如果我们只能像榕树一样纠缠在别人身上才能往上爬，一旦那棵树倒塌了，那我们也没有了支柱。

如果总想着依赖别人，那样的你将永远都无法发现自己的优秀，你的价值也将永远地被埋没。请独立起来吧！为了让自己走得更稳、更久、更好。

没有人能替你成长

> 托马斯·阿尔瓦·爱迪生
> 美国著名发明家
> 一个人如果能根据自己的爱好去选择事业的目标，他的主动性就会得到充分发挥。

三毛曾说过：“在我的生活中，我就是主角。”是的，我们每个人都是掌握着自己命运的主人，未来是需要依靠自己去创造，去成就的，因为你就是你，没有人会替你成长。

毕业于哈佛大学的约翰·肯尼迪一直是美国人民的骄傲，同时更是哈佛人自己的骄傲，哈佛大学为了纪念这位伟人，还建立了肯尼迪政治学院。

肯尼迪的父亲从小就注意对儿子独立性格和精神状态的培养。有一次他赶着马车带儿子出去游玩。在一个拐弯处，因为马车速度太快，猛地就把小肯尼迪甩了出去。当马车停住时，儿子以为父亲会下来把他扶起来，但父亲却坐在车上悠闲地掏出烟吸起来。

儿子顿时大声地叫道："爸爸，快来扶我。"

"你摔疼了吗？"

"是的，我感觉自己已经站不起来了。"儿子带着哭腔说道。

"那也要坚持站起来，重新爬上马车。"

儿子挣扎着自己站了起来，摇摇晃晃地走近马车，艰难地爬了上去。

父亲摇动着鞭子问："你知道我为什么让你这么做吗？"

儿子摇了摇头。

父亲接着说："人生就是这样，跌倒、爬起来、奔跑；再跌倒、再爬起来、再奔跑。任何时候，人都要靠自己，因为没人会去扶你的。"

人的成长本质上并不是一种知识，不能从书本上直接学习而来。成长也无关自身的财富或地位，无法通过别人的赠予来得到。成长是一种人生经历后的内心的觉醒，是一种灵魂的升华。成长的本质就决定了我们必须去直面生活中遇到的问题和挑战，在生活中理解生活，在挑战中应对挑战，在不断地处理问题的过程中掌握人生的智慧，强大内在的自我。成长是一种历练，是你内心的"顿悟"，你自己就是成长这个舞台的主角。在这个舞台上，没有"替身"，也不允许"假唱"，你必须直面自己的内心，才能感受到自身的局限，从而有机会破茧成蝶，成为更好的自己。

是的，在漫长的人生成长路上，你会有悲伤、会有彷徨、会有迷茫、会有无助，你的亲朋好友或许能陪你走一段，抑或是能拉你一把，但终有一天你会明白，没有人能一直陪着你走下去，或在你需要的时候立马就出现来帮助你，更没有人能代替你去成长、去经历。所以你只能相信、信赖自己，把自己磨炼成日渐强大的自己。

时代在变，人们的认识也在变。从 20 世纪 80 年代的“学会数理化，走遍天下也不怕”，到现在的“学会数理化，不如有个好爸爸”，很多人都希望在人生路上有个强力外援，直接一步登天，“升职加薪，迎娶白富美，登上人生巅峰”。咱们姑且不论我们的人生中出现“好爸爸”的概率有多大，即便天上掉下个砸死人的大馅饼，让你实现了上述的愿望，“成为人生赢家”，但是，然后呢？如果你内心的成长不能匹配获得的财富与地位，那么这些东西你能掌握得了吗？3 岁小孩舞动百斤大锤，最后受伤的还是自己。财富与地位可以通过外力获得，但内心的成长却不能假手他人。不论你的出身是富贵显赫还是贫困低微，成长的路上都只能靠自己。只有内心的成长，才能更好地掌握自身的命运。

每个人的未来都是自己给自己的，每天的努力，都是在给明天的生活埋下伏笔。所以，请你为了成长为更好的自己，强大起来吧！

保持自我是最精彩的活法

> **拉尔夫·沃尔多·爱默生**
> **美国思想家、文学家、诗人**
> 在每一个人的成长、教育过程中，他一定会在某一个时期发现，羡慕就是无知的表现，模仿就是自杀的行为。所以不论好与坏，一个人必须保持自我本色。

世界上没有两片一模一样的叶子，就像世界上只有一个独一无二的你一样。每个人都是独立的个体，有自己的性格、价值观、人生观。无论何时，我们都应该保持自我，勇于活出自我，因为我就是我，我才是自己的主宰。

挪威著名戏剧家亨利克·约翰·易卜生曾经说过："倘若你把整个世界弄到手，却丢了'自我'，那就等于把王冠扣在苦笑着的骷髅上。"一个人如果丢失了自我，一味地刻意模仿别人，即使模仿得再像，再出色，也只是在模仿别人而已。那样的人只能是跟在别人屁股后面跑，把别人的特色当成自己应该刻意去追求的东西，即使那不是你真正喜欢的。随着刻意模仿的加剧，我们变得越来越患得患失，于是把那个真实的自我一层层包裹起来，直到看不清我们当初的模样，看不清自己的方向，这样的结果和我们的期望是大相径庭的，也会让我们变得越来越痛苦。

与此同时，从来没有一个人是通过模仿别人而把自己变成伟人的。即使因为模仿而获得成功，他们也会努力去发展自己的特色，否则，只会落得如流星般陨落的结局，沦为追随他人的牺牲品。

其实，我们无须刻意地模仿别人。你就是独一无二的。你要想在某一个领域获得成功，必须要保持自己的自我本色，有自己的风格。这便是你与众不同的特点，也是能让你在言谈举止、行为方式及人际关系上区别于他人的特点。这才是真实的你。

爱默生曾在他的短文《自我信赖》中这样说过："一个人总有一天会明白，嫉妒是无用的，而模仿他人无异于自杀。"因为无论好坏，人只有自己才能帮助自己，只有耕种自己的田地，才能收获自家的玉米。上天赋予你的能力是独一无二的，只有当你自己努力尝试和运用时，才知道这份能力到底是什么。

北卡来罗纳州的爱迪丝阿尔雷德太太曾写过这样一封信：

我是一个极为敏感羞怯的女孩。我长得太胖，两颊丰满，这使我看起来更胖。而我的母亲又非常古板，她认为把衣服穿得太漂亮是愚蠢的，而且衣服太贴身也容易撑破，不如做得宽大一点。一直以来她都让我如此打扮。我从不参加任何聚会，也没有什么值得开心的事。上学后，我也不参加同学组织的任何活动，甚至连运动项目也从来不参加。我害羞至极，总觉得自己跟别人"不一样"。

长大后，我嫁了一位比我大几岁的先生，但我还是没有任何改变。我丈夫来自一个稳重而自信的家庭。我想要像他们那样。于是，我开始努力模仿他们，结果却总是适得其反。我变得越来越紧张易怒，害怕见到任何朋友。我自己很清楚，我也怕丈夫有一天会发现真相，所以每次在公共场合，我都尽量显得开心，甚至装得过了头。我知道自己表现过度，因为事情过后几天我都会累得半死。最后，我实在是怀疑自己是否有继续生活下去的必要，于是我开始想到自杀。

直到后来，一句话改变了我的一生。有一天，我婆婆和我谈到她是如何教育子女的，她说："不论遇到什么事，我都坚持让他们保持自我本色……""保持自我本色！"这几个字像一道灵光闪过我的脑际，我发现所有的不幸都起源于我把自己套入了一个不属于自己的模式中去。

一夜之间我变了！我开始保持自我本色。我努力研究自己的个性，认清自己，并找出自己的优点。我学会了怎样配色与选择衣服式样以穿出自己的品位。我主动交结朋友。我加入了一个团体，虽然刚开始只是一个小团体。当他们请我组织某项活动时，我也很害怕。我每次上台，都得鼓足很大的勇气。这是一段相当漫长的过程——但现在我比过去快乐很多。当我在教育自己的儿女时，我一定把这些经历苦难才学到的教训告诉他们：不论发生什么事，永远保持自我本色。

所以，请走自己的路，让别人说去吧！要相信自己，不要对自己失去信心而去盲目模仿他人，让自己失去了原有的特色和个性。我们应该认清自己的需求，重新排列自己价值观的优先顺序，把自己摆在第一位。这样，我们才能活出最精彩的自己。

如何培养自己的独立性

培养独立性，对于一个人来说是比较重要的，这样能够让自己早点摆脱对父母等人的依赖，有助于独立意识的培养，也能为自己有更好的未来打好坚实的基础。那么，如何才能培养自己的独立性呢？

1. 主观上断绝依赖性

在父母面前，我们总是觉得自己就是一个孩子，所以我们总是过着衣来伸手饭来张口的生活，依赖于家人的照顾，有些人连一些力所能及的事情都得靠父母。这时，我们需要从主观意识上断绝自己的依赖性。即使父母出于疼爱向我们伸出援手时，我们也应该表示拒绝。因为父母虽然能代替我们做事，却不能代替我们成长。

2. 提高自律能力

自律是走向独立的第一步。很多人常常只是想想自己该如何做，却一直不行动，自律性比较差，或是经常控制不住自己，或是容易被外界所影响，这都是自律性不够的表现。当一个人能很好地控制自己，能稳定好自己的情绪，排除外界的干扰，摒弃依赖别人的心理，那么，他们就能获得成功的主要因素之一。

3. 努力去尝试

有些事情是不能只停留在思想层面的，如果你觉得行，就不要害怕，勇敢地去尝试做你想做的事情。如果你什么都不做，只是去等现成的结果，那么就只能不断滋生你的依赖心理。当你有诸多的顾虑时，可以先从简单易行的事情做起，一次次的小成功可以不断提升你的自信心，从而让你喜欢上自己所做的事情，慢慢地走向独立。

4. 学会独立思考

独立思考的能力是一个人真正独立的关键。当你面对周围或社会上发生的事情时，有自己的想法，有自己的主见是相当重要的。因此，我们必须培养独立的思考能力、独立的见解、果断的判断能力，而不是人云亦云，或是带着自己的偏见去看待一些问题，这都是不成熟、不会独立思考的表现。

5. 懂得倾听意见

俗话说，忠言逆耳。很多人认为独立就是要和别人不同，独树一帜，要和大家的意见、父母老师的忠告逆向而行。其实，这是非常不利于你独立的因素，切勿把它当成你独立的“标志”。有时候，我们还是要懂得倾听父母和老师的意见。

6. 要有责任心

有没有责任心，是一个人是否独立，是否真正成熟的标志，也是一个人的价值能否得到充分合理展现的重要参考因素。一个人只要有一颗崇高的责任心，就拥有了生命的脊梁。要知道，一个人背负的责任越多，他就越有可能遇见那个更加完美、更加自信的自己。

第十三章

自控，做自己情绪的主人

托马斯·梅茨曾说过：“如果任凭感情支配自己的行动，那便使自己成为感情的奴隶。一个人，没有比被自己的感情所奴役更不自由的了。”任凭坏情绪摆布的人是生活的弱者，一个人要想成功就必须控制好自己的情绪，让自己成为情绪的主人。

不要成为情绪的奴隶

> **拿破仑·波拿巴**
> **法国伟大的军事家、政治家**
> 能控制好自己情绪的人，比能拿下一座城池的将军更伟大。

人是一种具有思维和情感的动物，他们无论做什么事情都会有自己的情绪波动，或大或小，而且每个人的情绪波动每天都是在变化的。

青少年在成长的道路上，会遇到各种各样的问题和麻烦，这时就会激发出很多负面的情绪，从而一遇到不顺心便开始大发雷霆，甚至于大打出手；或是抱怨人生的不如意，用别人的过错来惩罚自己；更有甚者选择了疯狂的方式来发泄自己，包括不惜结束自己的生命。

西点军校 1971 年毕业生托马斯·梅茨曾这样说过：“如果任凭感情支配自己的行动，那便使自己成为感情的奴隶。一个人，没有比被自己的感情所奴役更不自由的了。”如果一个人由着自己的情绪主导一切，就容易造成永远也无法挽回的后果。

在创业生涯初期，拿破仑·希尔通过一件小事发现自己缺乏自制力。这件事情虽然很小，却给了他惨痛的教训，使他认识到一个人要想取得成功必须先学会驾驭情绪这匹烈马。

他这样描述自己经历的事情：

有一次，我和办公大楼的管理员发生了一场误会，当时我碍于面子没有向他道歉。从那以后，我们两个人之间彼此憎恨，甚至演变成激烈的敌对。后来，管理员知道有时整个办公大楼里只有我一个人在工作时，就把电闸拉下来，使办公室变得一片漆黑。这种事情一连发生了好几次，这更让我愤怒不已。

一天，我正在办公室里紧张地工作着，电灯又熄灭了。我立刻跳起来，奔向管理员办公室。当我看到那个管理员正在悠闲地吹着口哨时，我快气得疯掉了，对着他就破口大骂起来。气急败坏的我把能想到的最恶毒的语言都用上了。那位管理员却一点也不生气。后来，我实在想不起什么骂人的话了，只好作罢。这时，管理员转过身，用柔和的语调对我说："你今天是不是太激动了？"他的话很柔软，但我却感到像一把利剑刺进了我的身体。我站在那儿，不知道说什么好。

我是一个研究心理学的人，竟然对着一个没有多少文化的管理员大喊大叫，这实在是一件令人感到羞耻的事情。我飞快地逃回了办公室。坐在办公室里的我什么活也干不下去，管理员的微笑老是浮现在我眼前。我开始慢慢意识到自己的错误。以前发生矛盾的时候，因为没有勇气道歉而使矛盾越来越深，今天，本来是一个很好的道歉机会，可我却失去了自制力，从而使自己陷入尴尬的境地。

我决定向管理员道歉。管理员见我又去了，仍然用温和的语调说："这一次你又想干什么？"言语中充满了挑衅的意味。我告诉他我是来道歉的。他说："你不用向我道歉。你今天所说的话，只有天知地知，你知我知，我不会把它说出去的，我知道你也不会把它说出去的，我们就这样算了吧！"我被管理员的话震住了。他那高度的自制力再一次将我打败，我走上前去，紧紧地握住了他的手，并真诚地向他道歉了。

其实，生活中，人与人之间很容易发生矛盾，这时如果两个人都不能控制自己的情绪，便会大吵一架甚至还会大打出手。但是，真正有所作为的人就像拿破仑·希尔一样，他懂得将自己的不良情绪马上收回去。因为他明白，情绪处理得好，可以将阻力化为助力。

任凭坏情绪摆布的人往往是生活的弱者，一个人要想成功就必须使自己消极的情绪得到有效的控制，从而不让自己成为情绪的奴隶。

有一天，陆军部长斯坦顿来到林肯那里，生气地向林肯发牢骚，说是一位少将用侮辱性的话指责了他。林肯建议他写一封更加尖酸刻薄的信回敬给那个无理的家伙。

"可以狠狠地骂他一顿。"林肯说。

斯坦顿立刻写了一封措辞激烈的信，然后拿到林肯跟前，林肯看后说："斯坦顿，你写得实在是太绝了！"

但是，当斯坦顿把这封信叠好，准备装进信封的时候，林肯却叫住他说："你要干什么？"

"当然是寄出去啊！"斯坦顿说。

"别闹了，"林肯说，"这封信不但不能寄出去，反而要在第一时间把它扔到炉子里去。每当我觉得自己快要生气的时候，我就会写这样一封信，然后再把它烧掉。说来也奇怪，每次只要做完这件事，我就真的不生气了。不信你看看自己，在这封言辞激烈的信里，你早就已经把对方骂了几百几千次了，你现在的心情应该比一开始好多了，那么就请你把这封信烧掉，重新开始写第二封信，然后把它寄出去吧。”

和林肯一样，哈佛的教授们不仅学识渊博，而且都非常有涵养，他们都是特别懂得控制情绪的人。当然，他们也是这么要求他们的学生的，他们让哈佛的每一名学子都懂得掌控好情绪的重要性以及这对于他们以后步入社会的深远影响。

所以，当你无法改变天气时，请试着改变自己的心情；当你无法控制别人时，请你掌握好自己。虽然情绪会时刻伴随着我们，但是人生苦短，我们要学会理性地控制好自己的情绪，不要为微不足道的事情烦闷、愤怒、苦恼。做自己情绪的主人，增强自己的自控能力，将是你成功的一个重要因素。

别让愤怒冲昏头脑

罗·伯顿
英国作家
如果世界上有地狱的话，那就存在于人们的心中。

都说，愤怒是把人变坏的最好法宝。一个人一旦愤怒了，冲动这只魔鬼就会被释放出来，就会变得语无伦次，甚至做出出格的事情来。

美国哈佛医学院的研究者在一项全国性的面对面家庭调查，涉及10148 名青少年的研究调查中发现近三分之二的美国青少年曾因愤怒失控而做出过攻击行为，譬如恐吓他人、毁坏财物或参与暴力事件等。

事实上，愤怒是无用的，它并不能让你眼前的问题得以解决，反而会让事情变得更加糟糕。特别是对正处于青少年期的人来说，他们年轻气盛，表达情绪较为激烈，有时候甚至是粗暴或是失控的。所以当愤怒来袭时，这只会让他们和老师及同学的关系显得更为敌对和紧张。

朋友们，我们不妨自省一下，你会因为这样的事情而陷入愤怒的情绪中吗？在和人争吵时，你会肆无忌惮地说一些伤害他人的话吗？或由于别人的一句话，你就怒火中烧吗？如果你出现这样的情况，你就应该注意了，你可能是一个易怒的人。

其实，愤怒是一种最无力也最具破坏性的情绪炸弹，它的爆发会伤人伤己，它给人带来的负面影响可能远远大于我们的想象。

从前，有个脾气很坏的小男孩。一天，他父亲给了他一大包钉子，要求他每发一次脾气就用铁锤在他家后院的栅栏上钉一颗钉子。第一天，小男孩惊讶地发现自己共在栅栏上钉了37颗钉子。

过了几个星期，由于学会了控制自己的愤怒，小男孩每天在栅栏上钉钉子的数目逐渐少了。他发现控制自己的坏脾气比往栅栏上钉钉子要容易多了……最后，小男孩变得不爱发脾气了。

他把自己的转变告诉了父亲。他父亲又建议说："如果你能坚持一整天不发脾气，就从栅栏上拔下一颗钉子。"经过一段时间，小男孩终于把栅栏上所有的钉子都拔掉了。

父亲拉着他的手来到栅栏边，对小男孩说："儿子，你做得很好。但是，你看一看那些钉子在栅栏上留下那么多孔。栅栏再也不会是原来的样子了。当你向别人发过脾气之后，你的言语就像这些钉子一样，会在人们的心灵中留下伤痕。你这样做就好比用刀子刺向了某人的身体。然后再拔出来。无论你说多少对不起，那伤口都会永远存在。其实，口头上对人们造成的伤害与伤害人们的肉体没有什么两样。"

没有人会为你的坏脾气买单，愤怒虽然满足了我们一时的"痛快"，却也让我们在一生中因为愤怒使大量的人际关系崩塌，良师益友纷纷离我们而去，亲人们也会渐渐疏远我们。而且易怒也会引发出很多心理及生理上的“后遗症”，比如，心胸狭窄，自私自利，比较悲观，喜欢怨天尤人。

所以，愤怒的情绪对我们来说是百害而无一利的。我们应该尽量控制自己，避免让愤怒控制你的心智，要以冷静的心态和长远的眼光来看待问题。当我们遇事有泰山崩于前不惊慌，别人冒犯我们时不跳脚，沉着冷静地应对一切变故，那么我们才能做到真正的释然。

懂得消除愤怒的人，是温文尔雅、稳重大方的，他们彬彬有礼的态度会受到所有人的赞美。一个人，只有学会消除愤怒的情绪，才能真正成为受别人欢迎的人。

抱怨就是在吸引不幸

> **奥雷柳斯**
> **罗马哲学家**
> 如果你对周围的任何事物感到不舒服，那是你的感受所造成的，并非事物本身如此。借着感受的调整，可在任何时刻都振奋起来。

很多人都会有抱怨的时候。而那些喜欢抱怨的人一遇到困难、阻碍、挫折就开始怨天尤人，并且喋喋不休。习惯抱怨的人，总是会无意识地去找寻事情中不完美的那部分，然后就将目光聚焦在这些缺陷上。他们从来没有想过要去改变什么现状，只是日复一日地待在原地，却希望能得到上天的垂帘，从抱怨中得到希望。

然而，抱怨是一种非常消极的人生态度，经常抱怨的人，会让自己在不经意间催生出很多的消极情绪，从而更加感觉到自己的不幸。所以，抱怨并不能为我们带来任何积极的结果，反而会成为一面不断放大我们负面情绪的放大镜。

简小时候是和奶奶在一起生活的。那时，奶奶在美国的一个农村开了一家小餐厅。当有一些爱唠叨、没完没了地抱怨的人来到餐厅用餐时，奶奶总会将简叫过来，让她看奶奶与那些顾客如何交谈。

一天，奶奶问一位老顾客："克莱尔老兄，今天心情如何?"

这位老顾客摇摇头，说："今天感觉糟糕极了。这天气实在是热得太不像话了，我的房顶都快要被太阳烤化啦！那些该死的知了总是叫个没完，真够让人讨厌的。还有，我的小儿子又把巧克力弄到新买的衣服上了，噢，他总是犯这样的错误，我以后绝对不能再给他买衣服了，他只适合穿麻袋。"

这时，奶奶淡淡地笑了笑，然后低声附和道："嗯，是啊。"并回头向简使了个眼色，她知道那些抱怨的话都涌进了简的小耳朵里。

等顾客用完晚餐离开后，奶奶将简拉到跟前，对她说："孩子，你听到刚刚那个人说的话了吧?"

简点点头。奶奶继续说道："孩子，每天都有许多人——有白人也有黑人，有富人也有穷人，他们在夜里入眠后就再也不会醒过来，他们永远地离开这个世界了。那时，他们将永远也感受不到天气的寒冷与炎热，也听不到知了欢叫的声音，与他们相伴的，只有冰冷的灵柩和长长的裹尸布。所以，孩子，生命不应该被耗费在牢骚里。如果你对什么事情感到不满意，你就应该试着去改变它，如果实在改变不了，那就用一种积极的心态去接受它。一定要记住，永远不要抱怨。"

的确，生活并不像我们想象中的那么完美，当我们遇到不如意的事情或挫折时，试着换一个角度去看问题，可能就会有不一样的想法。就像简的奶奶说的一样，努力地改变我们能够改变的，欣然接受我们不能改变的。

美国的海关里，有一批没收的脚踏车，在公告后决定拍卖的拍卖会中，每次叫价的时候，总有一个 10 岁出头的男孩喊价，他总是以 5 块钱开始出价，然后眼睁睁地看着脚踏车被别人用 30 元、40 元买去。

拍卖暂停休息时，拍卖员问那小男孩为什么不出较高的价格来买。男孩说，他只有 5 块钱。

拍卖会又开始了，那男孩还是给每辆脚踏车相同的价钱，然后被别人用较高的价钱买去。后来聚集的观众开始注意到那个总是首先出价的男孩，他们也开始察觉到会有什么结果。直到最后一刻，拍卖会要结束了。拍卖员问："有谁出价呢?"这时，站在最前面，而几乎已经放弃希望的那个小男孩轻声地再说了一次："5 块钱。"拍卖会停止唱价，只是停下来站在那里。这时，所有在场的人全部盯住这位小男孩，没有人出声，没有人举手，也没有人喊价。直到拍卖员唱价三次后，他大声说："这辆脚踏车卖给这位穿短裤白球鞋的小伙子!"此话一出，全场鼓掌。当那小男孩拿出握在手中仅有的 5 块钱，买下了那辆毫无疑问是世上最漂亮的脚踏车时，他脸上流露出从未出现过的灿烂笑容。

这位小男孩没有抱怨手中的钱太少，没有抱怨拍卖员不近人情。他仍旧执着地对自己的目标不放弃。他那坚定的信念终于帮他获得了他梦寐以求的自行车。

有时候机会往往就在抱怨中离你远去，等你后悔的时候，已经来不及了。所以哈佛的学子们从来不抱怨，他们只会把时间利用在努力学习提升自己身上，他们坚信，只要自己有足够的智慧，足够强大，就可以克服任何困难。

蓬勃向上的青少年必须明白，命运不会因为抱怨而改变，抱怨只会徒增你的烦恼。想要让自己的命运发生改变，首先就要提高自控力，停止抱怨，改变自己的心境和心态。

你的悲观情绪远比坏事本身更糟糕

> 乔治五世
> 英国国王
> 请教导我不要凭空妄想，或做无谓的怨叹。

悲观是从坏的方面去看待一切事物。人偶尔有悲观心理是很正常的事情，但让悲观成为习惯却并不是件好事。一个人如果一直怀有悲观情绪，那么他一定是一个没有自信的人，他觉得自己的能力非常有限，他会直接屏蔽掉一切正能量的信息，然后很容易去发现事物坏的一面，并且不断料想事物的恶化。

当看到桌子上有半杯水时，悲观的人和乐观的人的看法是截然不同的：乐天派会想："天哪，太好了，还有半杯水呢！"而悲观的人则会想："哎，怎么只剩下半杯水了呢？这么少，有什么用呢？"

当然，谁都希望自己的一生能够一帆风顺，但很多时候，事情的发展往往不像你所想的那样顺畅。这时很多带着悲观情绪的人的眼里就只有问题和挫折。但是当你只盯着问题和挫折，只知道愁眉苦脸时，你的注意力就永远不会转移到对你有利的一面，这对事情的解决也没有任何好处，反而会变得越来越糟糕。

当悲观情绪在左右你的判断时，你开始对未来失去信心，从而渐渐失去了行动的力量，任凭时间一分一秒地流逝。其实，悲观本质上是不切实际的，因为它让你在还没有发生并且也不一定会发生的事情上浪费了大量时间，它阻碍了你完成应该完成的事情。

从前在杞国，有一个胆子很小，而且有点神经质的人，他常会想到一些稀奇古怪的问题，而让人觉得莫名其妙。

有一天，他吃过晚饭以后，拿了一把大蒲扇，坐在门前乘凉，并且自言自语道："假如有一天，天塌了下来，那该怎么办呢？我们岂不是无路可逃，活活地被压死，这不是太冤枉了吗？"

从此以后，他几乎每天都为这个问题发愁、烦恼，朋友见他终日精神恍惚，脸色憔悴，都很替他担心。

但是，当大家知道原因后，都跑来劝他说："老兄啊！你何必为这件事自寻烦恼呢？天空怎么会塌下来呢？再说即使真的塌下来，那也不是你一个人忧虑发愁就可以解决的啊，想开点吧！"

可是，无论别人怎么说，他就是不相信，仍然时常为这个不必要的问题担惊受怕，没过几天，头发就全白了。

你是不是觉得这个杞国人太可笑了，然而现实版的“杞人忧天”却并不在少数。

我们的烦恼和担忧大部分都来自我们的想象而非现实。有时候我们看到的坏事，不一定全是坏事，在任何糟糕的形势下，总会有一些积极的方面。不要让消极的情绪控制你，让悲观的情绪主导你的生活。因为那样不仅会浪费你的时间，还会让你变得优柔寡断。

许多人都知道大发明家爱迪生的故事，他在寻找适合做灯丝的材料的试验过程中，做了1200次试验，失败了1200次，就是找不到一种能够耐高温又经久耐用的好材料。

这时，别人对他说：“你已经失败了1200次了，还要试验吗?”

爱迪生回答说：“不，我并没有失败，我已经发现有1200种材料不适合做灯丝。”正是这种积极乐观的态度激励着他获得了最后的成功。

著名的心理学家特曼教授发现，乐观还是悲观取决于人们对困难的解释。积极乐观的人把一切困难看成暂时性的、自己有主控权的，而消极悲观的人则认为他的困难和灾难是一辈子都逃不掉的，倒霉的事情一桩接着一桩，而且自己完全无法操控。

作为青少年的我们，应当是一副昂扬向上的模样，我们要学会乐观地看待问题，远离悲观情绪，请记住，无论什么事情远没有我们想的那么糟。

情绪自控力的培养

人非草木，孰能无情。身处这个纷繁复杂的世界中，有着太多的忧愁与烦恼，它们会时刻影响着我们的情绪，这种情绪一多就会让我们变得浮躁起来，甚至直接就影响了我们的学习和生活。

如果我们想要有一个好的情绪，就必须要有一个良好的自控力，抵制愤怒、停止抱怨、乐观地看问题，只有这样才能获得最终的成功。那么，我们如何来提高自己的情绪自控力呢？

1. 正确认识自己的情绪自控力

自控力是指人们能够自觉地控制自己的情绪和行动。它既善于激励自己勇敢地去执行采取的决定，又善于抑制那些不符合既定目的的愿望、动机、行为和情绪。

其实很多年轻人严重缺乏对情绪自控力的认识，他们从来没有想过要正确认识情绪自控力。当我们开始正视这个问题的时候，我们就会知道我们的哪些情绪需要控制，同时也能提高我们理性处理事情的能力。

2. 稳定好情绪

当我们去处理事情时，首先要告诉自己保持冷静。冷静就是要让你保持一个情绪稳定。大家都知道，当情绪失控的时候，我们是无法去冷静、理性地处理事情的，那时也是最没有自制力的时候。

所以，如果我们想要提高自己的情绪自控力，首先要提醒自己保持情绪稳定。

3. 要学会克制自己的情绪

克制是需要勇气和毅力的。因为需要克制的事情，往往都是我们非常想做的或是出于本性非常想做的，克制会带给我们痛苦，如果此时你一直想着克制是多么苦，那你肯定会向任性妥协。

当你感到愤怒来袭、抱怨不断、悲伤到要死的时候，先克制住自己的情绪，哪怕只比昨天多坚持半小时、一小时，慢慢地，你会发现自己就像前面故事中的小男孩一样，越来越能控制好自己的情绪。

4. 给自己积极的心理暗示

“我很难过”“我很痛苦”“我不快乐”……这些都是很平常的话语，但是在心里面反复地念，就会产生很强大的副作用。在这些消极悲观的心理的引导下，你会变得对生活越来越厌烦，整日情绪低落，焦躁不堪。所以经常给你的大脑输送点“营养”吧，积极的自我心理暗示会让你变得更加阳光，考虑事情也会变得更加充满正能量。

5. 懂得感恩

存有一颗感激之心，时时对自己的现状心存感激，同时也要对别人为你所做的一切怀有敬意和感激之情。感恩父母，因为他们赋予了我们生命，养育了我们；感恩老师，因为他们为我们打开了智慧之门，让我们在知识的海洋里遨游；感恩朋友，因为他们和我们一起成长，一起经历快乐和痛苦；我们还应感恩生活，它让我们懂得生活中的酸甜苦辣，让我们一步步走向成熟。一个懂得感恩的人，是乐观的、有着豁达态度的人。

第十四章

团队的力量，合作铸就成功

哈佛人告诉我们，通过合作可以使我们利用他人之力来壮大自己，合作可以使双方的优势互补，并使各自的能力产生相乘的效果，从而创造更大的利益。所以，合作是成功的捷径，只有懂得合作的人，才是真正成功的人。

信任是合作的基石

哈佛名言

彼此信任是良好人际关系的基础。

任何的团队活动，都需要团队成员之间能全力以赴，并且最重要的是相互信任。信任是合作的基石，没有信任，各怀鬼胎，那么这个团队注定不能成为一支有凝聚力的团队，也是经不起风浪的团队。

李开复就曾说过：“信任是整个团队能够协同合作的十分关键的一步，如果团队成员间没有彼此充分的信任，其交流就很难发生，因而丧失了彼此合作的基础，那么整个团队就势必形同散沙，毫无力量可言。”

心理学教授恩科带着一群学生做实验。他先让同学们面朝他站成两排横队，然后命令后一排的同学做好救助准备，待他喊了“开始”之后，前一排的同学就往后一排相对位置的同学身上倒。他说：“前面的同学别有顾虑，要尽力往后倒。好，开始！”

前排的同学们嘻嘻哈哈地笑着，按照恩科教授的指令，身子一点点向后倾斜，但是，大家明显地暗自掌握着身体的平衡，并不肯把好端端的自己撂倒在后面那个人的身上；后排的同学本来已经拉开了架势，预备扮演一回救人于危难的英雄角色。但是，由于前面送过来的重量太轻，他们也只好扫兴地用手轻触了一下别人的衣服就算完事。

可是，这里面有个例外——一位男生在听到恩科教授的指令之后，紧紧地闭上了双眼，十分真实地向后面倒去。他的搭档是一位身材娇小的女生，当她感到他毫不掺假地倒过来时，先是微微一怔，接着就倾尽了全力去抱住他。看得出来，她有些力不自胜，但却倔强地抿住唇，誓死也要撑住他……结果，她成功了。

恩科教授笑着去握这两位同学的手，告诉大家说：“他俩是这次实验中表现最为出色的人。这位男生为大家表演了‘信赖’——信赖是什么呢？信赖就是真诚地抽干心里的每一丝猜疑和顾忌，连眼睛都让它暂时歇息，百分之百地交出自己。这名女生为大家表演的则是‘值得信赖’——值得信赖其实是信赖催生开的一朵花，如果信赖的春风吝于吹送，那么，这朵花就有可能遗憾地夭折在花苞之中，永远也休想获取绽放的权利；当然，如果信赖的春风吹得温暖，吹得和谐欢畅，那么，被信赖的人就被注入了一种神奇的力量——就像你们看到的那样，一个弱不禁风的女生可以扶起一个虎背熊腰的男生，一只充满了爱意的手可以托举起一个美丽多彩的世界。同学们，值得信赖是幸福的，而信赖他人是高尚的。让我们先试着做高尚的人，然后再去做幸福的人吧。”

一个人，只有相信别人，才能和别人更好地合作。相信别人，可以让我们放下心中的猜忌，免除顾虑，更好地展现自己的能力和优势，同时也能让别人感受到我们的真诚，从而也更加信赖我们。信任是缔造团队向前的动力，它同时也是对自身能力的高度自信。正是基于这种自信，我们才会将信任和支持交付给团队——和我们一起奋战的人，如此才能让双方的交往和合作变得更加和谐顺利。

信任是成长的基石，信任是成熟的阶梯，信任是成功的泰山。作为青少年的我们，正处于心理成熟期，尤其需要注重培养我们的信任度。那么，如何提高自己的信任度呢？

第一，要有积极的心态。要获得他人的信任，第一件事情就是要自信。每天早上起床前，对自己默念：“我是一个值得信任的人，我是最棒的，我能做好一切事情。”内化了的积极的心态能让我们的外化言行举止变得更让人信服。

第二，要真实。建立良好的人际关系的前提是信任。而要想让对方信任你，你就应该是一个表里如一、待人真实的人。如果你为了某种目的刻意掩饰本来的自己，当你不小心“暴露”时，便会在对方心中大打折扣。所以，如实地表现你自己，从真实的自我出发吧！

第三，要主动承担自己的责任。当你犯错时，推脱责任，或者说谎都是不明智的选择。你要做的是敢于主动承担自己的责任，然后及时告知对方，分析自己的错误原因，找出问题出在哪里，尽自己最大努力去解决它。

第四，要言行合一。俗话说：“言必行，行必果。”按事实说话，也不要轻易许下承诺。当你真的许诺别人做什么事情时，一定要视自己的能力而定，而不要随意夸下海口，打好一定的余量。如果已经允诺别人的事情，就必须全力以赴，完成既定的承诺。不然，一两次过后，在别人眼里，你就是一个只会满嘴跑火车，不值得信任的人，而且一旦你的信用破产，那是很难恢复的。

第五，要有一定的实力。当你有一定的实力，或是在某方面表现突出时，当你是一个具备善于决断、勇于负责、善于创新的人时，所有的这些都会加大别人对你的信任度。

合作能不断提升你的价值

> **路德维希·维特根斯坦**
> **英国哲学家、数理逻辑学家**
> 天才并不比任何正派人有更多的光——但是他有一个能聚集光至燃点的特殊透镜。

在专业化分工越来越细、竞争日益激烈的今天，靠一个人的力量是无法完成所有的工作的。毕竟一个人的力量是有限的，俗话说，三个臭皮匠，顶个诸葛亮，众人凝聚成的合力将远远大于一个人的力量。

与人合作，是人类和谐发展的前提。团队合作就是集合了众人的想法、需求和愿望。哈佛大学虽然一直强调学生要自主学习、独立思考，但同时教授也告诉学生，他们毕业参加工作后会进入各种各样的团队，因此他们必须学会在独立的基础上与人合作，这样才能使个人价值得到最大化发挥。

所以，要想不断提升自身的价值，就必须把自己融入一个合作的团队之中。

从前，有一个国王，他有20个儿子。他这20个儿子个个都本领高强，实在是难分上下。可是他们却自恃本领高强，从不把别人放在眼里，认为只有自己才是最有才能的。

平日里，20个儿子常常明争暗斗，见面就互相讥讽，在背后也总爱说对方的坏话。国王见到儿子们这种互不相容的情况，很是担心，他明白敌人很容易利用这种不睦的局面来各个击破，那样国家的安危就悬于一线了。

没办法，国王只好利用各种机会和场合苦口婆心地教导儿子们要相互团结友爱。可是儿子们对父亲的话都是左耳朵进、右耳朵出，表面上装作遵从教诲，实际上并没放在心上，还是依然我行我素。

国王渐渐地老了，他明白自己的日子不多了。但儿子们怎么办呢？如果不从根本上调解好他们的矛盾，那国家不是很快就会败在他们的手里？到底应该用什么办法才能让他们团结起来呢？国王变得越来越忧心忡忡，身体也越来越不好了。

直到有一天，国王终于想到了一个主意。他把儿子们召集到病榻跟前，吩咐他们说："你们每个人面前都放一支箭，把它们捡起来。"儿子们不知何故，但还是照办了。"试着折断它。"国王说道。儿子们稍一用力，箭就断了。这时，国王又让侍从拿来20支捆在一起的箭，说道："现在你们每个人再试着将它们折断。”儿子们挨个抓住箭捆，使出了吃奶的力气，折腾得满头大汗，也没能将箭捆折断。

国王缓缓地转向儿子们，语重心长地开口说道：“你们也亲自实践过了，一支箭，轻轻一折就断了，可是合在一起的时候，就怎么也折不断。你们兄弟就如同这20支箭，如果互相斗气，单独行动，是很容易失败的。只有20个人联合起来，齐心协力，才会产生巨大无比的力量，可以战胜一切，从而保障国家的安全。这就是团结的力量啊!”

儿子们终于领悟了父亲的良苦用心，想起自己以往的行为，都悔恨地流着泪说：“父亲，我们明白了，您就放心吧!”

哈佛人告诉我们，通过合作可以使我们利用他人之力来壮大自己，合作可以使双方的优势互补，并使各自的能力产生相乘的效果，从而创造更大的利益。就如同有一块大蛋糕，分的人越多，每个人能分到的自然就少了。但如果我们每个人都去争、去抢，那么很可能就会落得鸡飞蛋打的结果。如果我们选择一起合作，把蛋糕做大，这要远比一个人独享一块小蛋糕获益大多了。

当然，在合作的过程中，大家难免会出现一些分歧，闹一些矛盾。但是，既然双方选择了合作，就是基于相信对方，希望一起把事情做好，所以要珍惜合作机会，互相谦让一步，而不要把事情越闹越大，那样最终受损失的只能是整个合作的团队。

总之，合作是人与人之间很重要的一种相处方式。我们每天都要做许许多多的事，但是我们每个人的能力是有限的，这就需要不断地寻求帮助，提高自身的效率，才能达到事半功倍的效果。所以，合作是成功的捷径，只有懂得合作的人，才是真正成功的人。

合作可以弥补你的不足

> **萧伯纳**
> **英国戏剧家**
> 倘若你有一个苹果，我也有一个苹果，而我们彼此交换苹果，那么我们仍然各有一个苹果。但是，倘若你有一种思想，我也有一种思想，而我们彼此交流这些思想，那么我们每人将各有两种思想。

哈佛教授经常这样告诉学子们："合作不仅可以无限伸展你的才能，同时也可以弥补你能力的不足。"

是的，我们每个人都有各自不同的智慧，每个人的能力也都有一定的限度，当我们相互交换、分享时，就能产生出很多的火花，也能弥补各自的不足，从而最终达到"一加一大于二"的效果或是达到自己原本达不到的目标。

大雁是一种候鸟，每年都要迁飞。因为北方的冬天寒冷袭人，万物都凋谢了，大雁很难找到食物过冬。为了生存，它们不得已结伴迁徙，飞到气候温暖、食物丰富的南方过冬。等到了第二年春天，它们再成群结队地飞回北方安家。北方地广人稀，天敌较少，它们可以放心繁殖后代，加之随着北方的天气日渐暖和，日照延长，树木生长旺盛，昆虫也多了起来，便更加利于它们寻找食物，养育雏雁。

然而，很多人都感到很奇怪，为什么大雁在来回飞行的时候就像是有人在指挥一样，一会儿排成“人”字形，一会儿又排成“一”字形地飞往同一个方向，而且还会时常替换头雁。

原来大雁的旅途是比较漫长的，往往需要飞行一两个月，而且它们的飞行速度很快，每小时能达到69千米～90千米。为了节省体力，它们在长途飞行中，除了用力扇动翅膀外，也常常利用空气上升的气流进行滑翔。它们总是选有经验、身体强壮的大雁当“队长”，也就是头雁。头雁鼓动翅尖产生微弱的上升气流，后面的大雁就会利用这股气流的冲力在空中滑翔。这样一只跟着一只，自然就排成整齐的“人”字形或“一”字形队伍了。头雁为群雁识别方向。另外头雁也是最辛苦的，所以在飞行中它们常常变换队形、改换头雁。但无论怎么改换，它们的队形总是井然有序、稳而不乱的。

一只大雁是无法独自完成迁徙的目标的，只有这个团队成员间相互合作，相互弥补自己的不足，才能使得大家都轻松平安地完成这个漫长的旅程。

所以说，当一个人遇到一个问题时，即便他苦思冥想最终也很难得到一个较为满意的答案。因为人无完人，每个人都会有不足之处，肯定会有考虑欠佳的地方。但如果是一群人都在思考一个问题时，那么结果肯定就会完全不同。在遇到问题时，每个人的想法都不一样，思考的层面、方向都各不相同，由此他们会针对问题给出不同的看法和解决方法，当大家都把想法汇聚在一起时，便能产生出一个全面、系统，而且是最佳的解决方案。而在这个过程中每个人都可以学习到很多的东西，有效的交流沟通也更好地拉近了彼此之间的距离，更能够增加团队的凝聚力。

有研究发现，但凡有红杉生长的地方，必定可以看到一大片的红杉林。在世上仅存的植物中，最雄伟的，当数美国加州的红杉。成熟的红杉能高达 60 米～100 米。通常来说这种越高大的植物，它的根理应扎得越深。但我们可以很明显地发现，红杉的根只是浅浅地浮在地面。如此的它们为何能不惧大风的肆虐呢？

原来这一大片红杉彼此的根是紧密相连的，一株接着一株，从而结成了一大片，几千株红杉的根部紧密联结，占地超过上千公顷。除非是飓风强到足以将整块地掀起，否则便没有任何自然力量可以动摇红杉分毫。

红杉的浅根，也正是它们能长得如此高大的利器。它们的根浮于地表，方便快速而大量地吸收赖以生长的水分，使红杉得以快速茁壮生长，同时，它们也不需耗费能量，像一般植物扎下深根，用扎深根的能量来向上生长。

作为青少年的我们，应该向红杉学习，广泛地伸出我们学习的“触角”，去和其他有才能的人多在一起，以便更好地汲取丰富的知识和经验，来为自己的不断成长填充营养。就如同在一个学习小组，每个人擅长的都不一样，有的人数学好，有的人英语好，有的人语文好。这时，如果我们之间能互相学习、互相帮助，这样组员间便能相互取长补短，一同把学习成绩提高上去。要知道只顾一味地独自钻研不仅会消磨自己的时间，更容易让自己产生挫败感，从而更不愿意去好好努力。

取能人之所长，补自己之所短。如果你尚未壮大，不妨伸出你学习的“根”，和成功者紧密联结，加入成功、积极的团体，吸收他们的经验，了解成功者的态度，让自己更快速地成长。要知道，一个优秀的团队合作将会成就出一个更加优秀的你，从而让你获得人生的胜局。

如何提升自己的团队合作力

俗话说：“众人拾柴火焰高。”现如今，越来越多的人都开始强调团队合作，在我们实际的学习和工作中也同样需要团队合作力。那么，作为青少年的我们应该怎么来提高我们的团队合作力呢？

1. 要注重表达和沟通能力的培养

在人与人交往的过程中，表达和沟通能力是非常重要的。在团队合作中，如果你有好想法，你也想让对方更好地了解你的想法，你想说服对方，但是你不会表达，那么就等于是白做。同时，团队成员间的沟通能力是保持团队有效沟通和旺盛生命力的必要条件。所以，要想提高自己的团队合作力，首先需要抓住一切机会培养自己的表达和沟通能力，让团队中的成员能够准确地了解你的看法和意见。

2. 要提高自己的自信，更要选择信任

在团队合作中，一定要有自信，相信自己的能力。同时，也要注意相信队友，因为彼此信任是成功合作的基石。没有信任，就没有合作。信任是双向的，没有信任的合作会如昙花一样短暂。当然，信任也是一种激励，信任更是一种力量。

3. 要懂得尊重他人

团队是由不同的人组成的。虽然团队中的每个人的生长环境、教育背景、工作环境都不一致，但是他们内心都希望得到别人的尊重。尊重没有高低之分、地位之差和资历之别，尊重只是团队成员在交往时的一种平等的态度。平等待人，有礼有节，既尊重他人，又尽量保持自我个性，这是团队合作的基本能力之一。要知道，尊重能为一个团队营造出和谐融洽的气氛，让团队的资源达到最大程度的共享。

4. 要学会欣赏他人

俗话说："三人行，必有我师。"每个人身上都会有闪光点，都值得我们去挖掘和学习。在一个团队中，我们需要用欣赏的眼光去看待别人，主动去寻找他们的积极品质，发现他们的优点。这也更加有利于你真正地让别人接受你、喜爱你。在欣赏他人的优良品质时，你也要正视自己的短处，并努力克服和改正自身的缺点和消极品质。

5. 要有诚信

人无信不立。诚信是做人的基本准则。一个人如果不讲诚信，是不可能塑造出一个良好的个人形象的，那么他也便无法在团队中立足。团队精神应该建立在团队成员相互信任的基础之上，当你真正做到"言必信，行必果”时，你才能真正得到伙伴的信赖，才能在竞争中“得道多助”。

6. 要有责任心，对团队忠诚

团队在运作的过程中，难免会出现失误，这就需要团队成员有责任心，敢于担当，对团队负责，若是大家在每次出现错误的时候都只会相互推诿，相互责怪，那么这注定不会成为一个有所作为的团队。而且，当你把责任推给他人之时，你一定是一个对团队没有足够忠诚、缺乏责任心的人。

7. 要有乐于助人之心

当身处一个团队中时，你必须记住，整个团队成员强，才能让你的团队变得具有竞争力。而如果团队中有短板，那么我们要在努力提高自己能力的同时，乐于帮助周围能力不是太强的人，从而充分发挥团队的能力。

8. 要坚持自己的个性

团队是一个集体，但是团队合作并不是让你抹杀自己的个性，扼杀独立思考的能力。团队需要的是团队成员充分施展自己的才华，只有这样，团队才会有活力，有创新力。而如果团队成员都是意见一致，没有个性可言，那么这样的团队只能是一潭死水。所以，为了团队能够更好地发展，只要你不逾规矩，请坚持好自己的个性吧。

9. 要有团队利益至上的意识

团队成员都要有一个大局观，要有以团队利益至上的意识。在一个团队中，一个人和整个团队相比，是渺小的。如果大家都过于计较个人得失，那么将永远会把自己排斥在团队之外。所以在遇到问题时，我们要以团队利益最大化为根本，不遗余力地为整个团队的目标而共同努力。

第十五章

细节决定成败

哈佛大学的教授奥里森·马登认为："小事能成就大事，细节决定成败。很多时候，我们的成功不是取决于我们有多么高的智商，而是取决于我们有没有做好一件件小事。"所以，请从细节着手，夯实我们的基础，积小胜为大胜，最终取得好的成绩。

成大事者，要拘小节

> **戴维·帕卡德**
> **惠普公司创始人之一**
> 小事成就大事，细节成就完美。

“天下难事，必作于易；天下大事，必作于细。”它的意思是天下的难事，都是从容易的地方开始做起的；天下的大事，也都是从小事开始做起的。20世纪世界最伟大的建筑师密斯·凡·德罗，在描述他成功的原因时，只说了五个字——“魔鬼在细节”，可见对细节的作用和重要性的认识，古已有之，中外共见。

然而，细节却是很容易被忽视的东西。那些能成就大事的人，其实并不是比我们更聪明或是有我们常人无法企及之处，就是因为他们更注重细节，从而赢得了更多的机会，更容易获得胜利，更加容易取得更好的成绩。哈佛大学的教授奥里森·马登也认为：“小事能成就大事，细节决定成败。很多时候，我们的成功不是取决于我们有多么高的智商，而是取决于我们有没有做好一件件小事。”

一家大公司招聘新人，已经淘汰了好几批参加面试的人选。这时无论是面试者还是被面试者都感到了几分紧张：如果今天再不能选出合格的人选，那公司的许多工作就要受到影响；对被面试者来说，如果能进入这家全国知名企业工作，那自己今后的事业发展将不可估量。

这时，一位年轻人走进了面试的办公室。在门口看到一张小纸片，年轻人弯下腰捡起纸片并顺手把它扔到了垃圾筒。面试过后，主持面试的该公司总裁叫这位年轻人留下来，他告诉这位年轻人可以马上到公司参加培训，等培训合格后就可以正式上班了。

年轻人简直不敢相信自己的耳朵，因为他知道在这次招聘的过程中进入面试这一关的都是精英，而且据他观察，其中有不少人的能力都在他之上。总裁看着年轻人疑惑的表情，笑着说道：“这正是我找你谈话的原因，你的能力水平确实不是所有应聘者中最好的，但是，只有你在面试时通过了一项最关键的考验——门口的那张小纸片是我故意叫人放在那里的。”

那些与年轻人一同去参加应聘的人才，并非没有看到门口那张虽然不大却明显的纸片。对于他们来说，捡起地上的小纸片同样只是弯一下腰那么简单，但是他们却认为如此琐碎的事情不值得一做，所以他们就错过了进入大公司的机会，实际上他们因此而错过的重要机会绝不仅仅是这一次。

那个年轻人就是美国汽车工业之父——亨利·福特。他用自己的实际行动证明了当初那位总裁的独到眼光。亨利·福特是幸运的，他的幸运不仅在于自己遇到了慧眼识英才的总裁，更在于他对每一件小事都不疏忽的认真精神。

然而，很多人都认为“成大事者应不拘小节”。殊不知，这句话是没有典籍可查的。他们总觉得自己了不起，觉得自己是做大事的，故而对小事往往不屑一顾，顶着这个“大”帽子开始眼高手低，做事不注重细节，无论是对学习还是工作都抱着不认真的态度，粗枝大叶、丢三落四不说，还敷衍了事。千里之堤，毁于蚁穴，最终他们肯定会因小失大，和成功失之交臂。

有时，当你一心渴望伟大、追求伟大时，伟大却了无踪影；当你甘于平淡，认真做好每个细节时，伟大却不期而至。这就是细节的魅力。很多人不愿做平凡的小事，到最后也没做出什么大事来。

生活的一切原本都是由细节构成的。所以，任何大的成功也都是从小事一点一滴积累起来的。当然，那些成功的人就是注重留意细节，善于捕捉机遇。所以，作为青少年的我们，如果也想像成功人士一样，就应该重视对注意细节能力的培养，请从仔细留心身边的每一件小事开始，因为它们中可能就蕴藏着很多机会。

1%的错误导致100%的失败

> 西奥多·莱维特
> 哈佛教授
> 魔鬼藏于细节，一个个细节组合起来的能量能摧毁一切。

很多人都听说过“蝴蝶效应”。它是由美国气象学家爱德华·罗伦兹(Edward N. Lorenz)于1963年提出的。对于这个效应最常见的阐述是：“一只南美洲亚马孙河流域热带雨林中的蝴蝶，偶尔扇动几下翅膀，可以在两周以后引起美国得克萨斯州的一场龙卷风。”其原因就是蝴蝶扇动翅膀的运动，导致其身边的空气系统发生变化，并产生微弱的气流，而微弱的气流的产生又会引起四周空气或其他系统产生相应的变化，由此引起一个连锁反应，最终导致其他系统的极大变化。这个现象概括为一句话就是：差之毫厘，失之千里，1%的错误，可能导致100%的失败。

有时候，一个看起来微不足道的小错误可能会给你带来灭顶之灾。你可能无法想象一个小小的马掌钉竟然会让一个国家面临灭亡的命运。但是，事实就是如此。

理查三世和亨利伯爵准备决一死战，战斗的结果将决定谁是英格兰的统治者。战斗当天的早上，理查派了一个马夫去备好自己最喜欢的战马。

“快点给它钉掌。”马夫对铁匠说，“国王希望骑着它打头阵。”

“那您得等一等。”铁匠回答道，“马掌都用完了，现在我得去找点儿铁片来。”

“我等不及了。”马夫不耐烦地叫道，“国王的敌人正在逼近，我们必须在战场上痛击敌兵，有什么你就用什么吧。”

铁匠埋头干活，从一根铁条上弄下四个马掌，把它们砸平、整形，固定在马蹄上，然后开始钉钉子。钉了三个掌后，他发现没有钉子来钉第四个马掌了。

“我还需要一两个钉子，”他说，“得需要点儿时间砸出两个。”

“我已经告诉过你我等不及了，”马夫急切地说道，“军号都已经吹响了，你能不能凑合用别的东西把马掌钉上？”

“我想想办法吧，但是那样的话就不能像其他几个那么牢固了。”

“能不能挂住？”马夫问。

“应该能。”铁匠回答，“但我也没十分的把握。”

“好吧，就这样吧。”马夫叫道，“快点，要不然国王会怪罪到咱俩头上的。”

战斗打响了，理查三世冲锋陷阵，鞭策士兵迎战敌人。“冲啊，冲啊！”他喊着，率领部队冲向敌阵。远远地，他看见战场另一头几个自己的士兵退却了。如果别人看见他们这样，也会后退的，所以理查策马扬鞭冲向那个缺口，召唤士兵继续战斗。

但他还没走到一半，一只马掌就掉了，战马跌翻在地，理查也被掀地上。国王还没有再抓住缰绳，惊恐的马就站起来逃走了。理查环顾四周，他的士兵们都纷纷转身撤退，敌人的军队包围了上来。

他在空中挥舞着宝剑，“马!”他喊道，“一匹马，我的国家倾覆就因为这一匹马。”

他没有马骑了，他的军队已经分崩离析，士兵们自顾不暇。不一会儿，敌军俘获了理查，战斗结束了。

从那时起，人们就说：

少了一个铁钉，丢了一只马掌，

少了一只马掌，丢了一匹战马，

少了一匹战马，败了一场战役，

败了一场战役，失了一个国家。

所有的损失都是因为少了一个马掌钉。

是的，一只老鼠可以搞死一头大象，浅水滩里能淹死人，说明的就是这个道理。很多事情没有成功，不是我们没有付出努力，而是我们忽略了一些细节——一颗螺钉松动足以让飞机灰飞烟灭；药厂厂长一口痰便失去了与外商合作的机会；入口处多一节拐弯的门，可以降低空调的耗电量。1%的错误，可能导致100%的失败！

在《细节决定成败》一书中有这样一段话：不论做任何工作，都要从小事做起，关注细节，把小事做细、做透……所以，要想做好每一件小事，首先要对小事有正确的认识，牢固树立“世上无小事、事事皆大事”的思想观念，更要在实际行动中注重细节，凡事从细小的事情做起。要知道一屋不扫，何以扫天下？小事不做，怎能积累出做大事的胆识和本领？

作为青少年的我们更应该重视细节的培养，从小事做起。在学校，老师会经常提醒我们凡事要细心，做作业要细心，考试时更要细心。细心可以让我们将所学的知识运用得当，还可以发现自己的不足，当我们及时改正时，就不会差到哪里去。请从细节着手吧，夯实我们的基础，积小胜为大胜，最终取得好的成绩。

差距，往往在最不起眼的地方

> **米开朗琪罗·博纳罗蒂**
> **意大利文艺复兴时期代表人物之一**
> 在艺术的境界里，细节就是上帝。

一个人，如何才能鹤立鸡群，脱颖而出？答案很简单，那就是细节决定成败。其实，人和人之间的差距往往就产生于最不起眼的地方，那就是在一些细节和小事情上。

有时，成功并没有想象中那么复杂，做好别人没做到或者忽视的小事，你就赢了。苹果从树上掉下来砸中了多少个人的头，却只有牛顿发现了万有引力；许多人都知道水烧开了之后，水壶的盖子会跳起来，却只有瓦特发明了蒸汽机……所有的这些我们眼中是再正常不过的事情，却被有心之人发现了我们大多数人都会忽略的细节。同样的事，在不同人眼中，他们会发现不同的细节，生活中细节无处不在，只有一个善于发现细节的人，才能成为生活中的强者。

沃尔玛公司是一家美国的世界性连锁企业，以营业额计算为全球最大的公司。沃尔玛主要涉足零售业，是世界上雇员最多的企业，连续4年在美国《财富》杂志世界500强企业中居首位。沃尔玛公司有8500家门店，分布于全球15个国家。

沃尔玛有如此强劲的发展势头和如此受客户喜爱，其关键的原因在于它注意了很多个别的零售企业没有注意的“细节”。其中就包括以下几点。一是永远向竞争对手学习，学习每一个先进的“细节”。他们时刻懂得虚心向竞争对手学习，经过考察觉得可取并立刻实施。

二是注意顾客的每一个“细节”。沃尔玛认真记录、分析每一个商业数据，用通信卫星为每一个客户服务。沃尔玛全球5000多个店铺都装有卫星接收器，每一个消费者在其任何一个连锁店进行交易时，客户的年龄、住址、邮编、购物品牌、数量、规格、消费总额等一系列数据都记录下来，送进企业信息动态分析系统，以便更好地为顾客提供服务。

三是降低经营成本，注重每一个“细节”。沃尔玛从来没有专用的复印纸，复印材料时都用废纸的背面复印。除非重要文件，沃尔玛从来不用专业打印纸。沃尔玛的工作记录本都是用废报告纸裁成的。

沃尔玛上至运营总监、财务总监下至办公室秘书，只要不忙就会换下西装到商场之中，去做收银员、搬运工、上货员等。而且他们鲜有大笔的广告费。这么做，无非是为顾客省钱，提高自身竞争力。

四是注意服务的“细节”。在细化服务方面，沃尔玛有详细的规定，其中有三条基本原则：第一，尊重个人原则，十分注重对员工的精神激励；第二，10 英尺（约 3 米）原则，每位职员在顾客距其 10 英尺以内时要主动问候；第三，太阳落山原则，员工或顾客的任何要求必须在太阳落山前得到答复。

正是由于对细节的孜孜以求，沃尔玛才从零售市场脱颖而出，成为全球零售巨头。

很多学生考试成绩考不好，总是抱怨自己没有别人聪明，智商不如别人高。殊不知，冰冻三尺非一日之寒。考试只是对平时学习掌握情况的一个反馈，有人曾对学习成绩好的学生和不好的学生进行了一次调查。结果发现，成绩好的学生上课专心听讲，自主按时完成作业，对出现的错误，能及时纠正；而成绩差的学生上课不专心听讲，对待作业也比较随意，经常为了应付老师而去抄作业，出现错误就随便改一下或根本就不改。就是因为他们之间的作业态度、完成情况、纠错意识、独立完成意识这些细节处的差距随着时间的推移越拉越大。本来，平时的作业都是一些最基本的基础知识，而基础知识必须同步训练、及时消化，才能真正领悟。

所以，青少年们，如果想改变自己学习差的状况，就必须端正好自己的态度，要知道差距往往存在于这些最不起眼的地方。从每次的作业开始，从平时的点点滴滴积累入手，不要错过每次的作业，不要放过每一点错误。相信如此注重学习细节的你，一定能取得不俗的成绩。

如何做一个注重细节的人

“不积跬步，无以至千里，不积小流，难以成江河。”大事中的细节为我们指明了前进的方向，小事中的细节为我们打下了坚实的基础。既然细节如此重要，那么，我们如何才能成为一个注重细节的人呢？

1. 要端正对细节的态度

细节源于态度。有些人不太注重细节，做事粗心大意，这都是态度不端正的表现。长此以往，对我们个人的发展是非常不利的。

成功的基础是态度，态度比能力更重要。要从细节中去感悟态度，不要一遇到事情就开始抱怨。以积极、乐观、自信的态度，脚踏实地地从小事做起，从细节做起。

2. 认真寻找细节

很多人都在困惑：“细节在哪里？”“如何去寻找？”

其实，对于一些不善于关注细节的人来说，确实不能马上找到细节。但在你端正了态度以后，你就会有意识地主动去分析、去寻找，其实细节无处不在，它会体现在各个方面，如人的情绪变化，身体状况，说话办事等，千万不要急功近利，要学会一步一个脚印，只要你用心，就一定能找得到。还有，我们要注意一点就是细节的寻找也是需要平时经验的积累的。

3. 将细节训练成习惯

注重细节不是空喊出来就能实现的，它是一种积累的经验和习惯，关系着我们学习和生活的方方面面。当把细节训练成一种习惯时，你就成功了一半。

据科学研究表明，一个好习惯的养成需要 21 天的时间。如果我们想将细节训练成习惯，就在这 21 天时间里，需要不断地训练，更需要从一点一滴的小事做起。如此，你就能将外化的细节训练内化，最终深入骨髓，变成一种潜意识，变成一种习惯。细节就是习惯，优秀也是一种习惯！

4. 切实将细节执行到位

将细节执行到位就是要扭转那些“差不多”“可以了”的“对付”思想，真正做到把细节执行贯彻到位，全力以赴地去实施，才能得到近乎完美的结果。机会总是垂青有准备的人，当你坚持这么做下去的时候，你就已经比别人距离成功更近了一步。

第十六章

创新，让你不可限量

哈佛大学校长普西曾说过：“一个人是否具有创新能力，是一流人才和三流人才之间的分水岭。”哈佛一直在致力于教学子们如何打破常规进行自主思考，可以说改变思维、勇于创新的理念已经融入了哈佛人的血液中，这便是哈佛人更容易成功的原因。

创新就是突破思维定式

> **约翰·戴维森·洛克菲勒**
> **美孚石油公司（标准石油）创办人**
> 如果你要成功，你应该朝新的道路前进，不要跟随被踩烂了的成功之路。

人在一定的环境中生活、学习和工作，久而久之就会形成一种固定的思维模式，我们称为思维定式或惯性思维。

不可否认，在一定的情况下，思维定式是有其合理性的，值得大家借鉴和学习。因为它能使思考者省去许多摸索、试探的思考步骤，不走或少走弯路，这会大大缩短其思考的时间，提高思考的效率。它还能使思考者在思考过程中感到驾轻就熟、轻松愉快。

然而，事物总是在不断地发展变化的。一些传统习惯、历史经验的局限性会随着时间的推移越变越大。渐渐地，它开始不利于一个人的创新思考，它会让我们习惯于从固定的角度来观察、思考事物，以固定的方式来接受事物。换句话说，它其实是创新思维的天敌。

哈佛大学校长普西也曾说过："一个人是否具有创新能力，是一流人才和三流人才之间的分水岭。"哈佛大学向社会输送了一批又一批一流的人才，有当选美国总统的，有获得诺贝尔奖的，有知名的学术创始人、世界级的学术带头人，有文学家、思想家以及数位经济领域的领军人物和亿万富豪。

那么，为什么哈佛毕业的成功人士这么多？

其实哈佛一直在致力于教学子们如何打破常规进行自主思考，可以说改变思维、勇于创新的理念已经融入哈佛人的血液中，这便是哈佛人更容易成功的原因。

柯特大饭店是一家老牌饭店。一次，老板准备改建一个新式的电梯，于是他重金请来全国一流的建筑师和工程师，几个人一起商讨要如何才能做好这件事。建筑师和工程师都有十分丰富的经验，在多番讨论之后，他们达成了一个一致的观点：饭店必须新换一部大电梯。为了安装好电梯，必须停业半年。"难道除了停业半年就没有别的好办法了吗？"老板的眉头皱得很紧，因为如果这样，那经济损失就太大了……"必须得这样，不可能有别的方案。"建筑师和工程师斩钉截铁地否定了。这时候，一个清洁工刚好从这里经过，他认真地听了一会儿之后，停下了手中的工作。他望着忧心忡忡、神色犹豫的老板和那两位满脸自豪的专家，开口说道："如果是我，你们猜我会怎么来装这个电梯？"工程师轻蔑地看了他一眼，说道："你能怎么做？""我会直接在屋子外面装上电梯。"

"多么好的方法啊！"工程师和建筑师听完，羞愧地低下了头。没多久，这家饭店就在外面装了一部电梯，而这就是建筑史上第一部观光电梯。

很多时候，人们总是用最平常的思想，即惯性思维去思考问题，不会也不敢换一种方式去思考，去尝试，所以他们总是与成功擦肩而过。在大家固有的传统思维中，电梯是只能装在屋里的。这和一个人的技术高低、学识多寡毫无关系，只是他们不能突破那些常规思维的束缚而已。推倒思维里的那堵墙，就像这个清洁工一样，冲破思维去创新，才能想出这个令人称绝的好办法。

2005年，美国《财富》杂志公布全球500强排名榜，沃尔玛公司连续四年位居榜首，其年收入远超英国石油、通用汽车等企业。在一次一次的危机中，正是勇于创新的精神让沃尔玛生存下来，并不断发展壮大，独占鳌头。沃尔玛认为："尝试创新未必导致成功，但不敢尝试，故步自封最终将导致失败。"

如果你想要获得成功，改变现在的生活状况，那就必须从创新、从改变思维开始。当你学会突破思维定式，你将找到更广阔的天空。

创新需要大胆尝试

亨利·福特
福特公司创始人
不创新，就灭亡。

在现实生活中，很多人都不敢尝试自己没有做过的事情，也不敢探索新的事物。一来他们害怕尝试，害怕尝试之后的失败；二来习惯使然，他们已经习惯了墨守成规，已经丧失了尝试的勇气。

众所周知，风险和收益是成正比的。你要去尝试不确定的创新，必然会有失败的风险，然而，如果我们只是怯懦，不敢去突破、尝试，我们就永远没有成长、磨炼和成功的机会。

所以，我们要想获得成功，就要拿出自信心，大胆尝试，勇于探索。

很久以前，意大利的一个小村子里住着两位年轻人，一个叫柏波罗，一个叫布鲁诺，他们是堂兄弟。他们自幼便是很好的伙伴，当然，他们一直都有一个共同的美好梦想，那便是想要获得更美好的生活。

有一天，机会来了。村里决定要雇两个人把附近河里的水运到村广场的蓄水池里去。村长便把这份工作交给了柏波罗和布鲁诺。

两个人各抓起两只水桶便奔向了河边，开始了辛勤的工作。当一天的工作结束时，他们把村广场的蓄水池装满了。村长按每桶水一分钱付钱给他们。

“我们的梦想终于实现了！”布鲁诺大喊着，“我简直不敢相信我们的好运气。”但柏波罗却不以为然，他想出了一个更好的办法，便对布鲁诺说：“与其每天这样辛苦地来回提水，不如我们修一条管道将水从河里引进村里去。”

“一条管道？”布鲁诺大声地嚷道，“天呐，柏波罗，我们拥有一份很棒的工作。我一天可以提100桶水。按一分钱一桶水算的话，一天就是1块钱！我已经是富人了！一个星期后，我就可以买双新鞋；一个月后，我就可以买一头牛；六个月后，我还可以盖一间新房子。我们有全镇最好的工作。我们还有双休日，每年有两周的带薪假期。我们这辈子都不用愁了！放弃你的管道幻想吧！”

见布鲁诺对自己的想法无动于衷，柏波罗随即决定即使自己一个人也要实现这个计划。每天，他将一部分白天的时间用来提桶运水，用另一部分时间以及周末的时间来建造他的管道。柏波罗坚信自己的梦想一定会实现，于是他全力以赴地去做着。

当布鲁诺每天打完水回到家，晚上和周末躺在舒适的床上休息时，柏波罗却在继续挖他的管道。

没多久，布鲁诺和其他村民开始嘲笑起柏波罗，称他为“管道人柏波罗”。布鲁诺赚到了比柏波罗多一倍的钱，他开始炫耀新买的东西。

但柏波罗继续挖着自己的管道，哪怕每次只能挖一英寸。

时间一天天地过去了。最后，管道完工了，柏波罗的好日子终于来了！现在村子里源源不断地有新鲜水供应了。柏波罗再也不用提水桶了，柏波罗口袋的钱也变得越来越多，而管道的建成也使得提桶人布鲁诺失去了工作。

柏波罗就是一个敢于大胆创新的人，他通过自己的深思熟虑，并坚定地尝试下去，最终收获了自己的成功，摆脱了提水的命运，也让自己赚得盆满钵满；而布鲁诺则固执己见，墨守成规，最终不仅丢了工作，还让自己的生活陷入了窘境。

很多时候，创新可以有着点石成金的力量。作为新时代的年轻人，要敢于创新，要有大胆创新的勇气，要知道这个世界没有什么不可能，让自己突破常规，不断尝试，就一定会取得成功。

很多的啤酒商都认为，要打开比利时首都布鲁塞尔的啤酒市场很困难。开始的“哈罗”啤酒厂也是如此。

那时的哈罗啤酒厂市场份额正在一年一年地减少，工厂也因为啤酒销售的不景气而没有钱在电视或报纸上做广告。销售员纳森曾多次建议厂长到电视台做一次演讲或者广告，但都被厂长拒绝了。

纳森决定冒险去做这个事情，于是他贷款承包了啤酒厂的销售工作。但如何去做广告成了纳森的心病。有一天，他徘徊到了布鲁塞尔市中心的于连广场。广场中心的铜像启发了他，那个撒尿的男孩铜像就是用自己的尿浇灭了侵略者炸城的导火线，从而挽救了这个城市的小英雄于连。

纳森突然有了主意，他决定自己要做一件别人从未做过的事情。

第二天，路过广场的人发现，于连雕像的尿由水变成了金黄剔透、泛着泡沫的“哈罗”啤酒。旁边还立着一块写着：“哈罗啤酒免费品尝”的广告牌。

如此新颖的广告，很快传遍全市，市区四面八方的老百姓都聚集于此，他们拿着自己的瓶瓶罐罐来接啤酒喝。电视台、报纸、广播电台也争着报道这一奇观。

那一年，“哈罗”啤酒厂的啤酒销量一下了增长了近 20 倍。这个叫纳森的小伙子也轰动了整个欧洲，成了闻名布鲁塞尔的销售专家。

事实证明，纳森的尝试和探索是正确的，他得到了意想不到的收获，最终成就了一番让无数人羡慕不已的事业。

英国哲学家培根说过：“世界上有许多做事有成的人，并不一定是因为他比你会做，而仅仅是因为他比你敢做。”

所以，对于创新，请不要畏惧，勇于尝试，大胆尝试，只有这样，我们才能有所成就。

换个好想法，你就是 No. 1

拿破仑·希尔
美国著名作家
创新就是力量、自由及事业成功的源泉。

鲁迅先生曾说过：“其实地上本没有路，走的人多了，也便成了路。”路，是人走出来的，所以后面的很多人都习惯跟着前人的脚印往前走，而对两旁林荫深处的世界尽管充满好奇，也没有去另辟一条新路去发现新事物的冲动。

现在的很多人亦是如此，他们习惯于人云亦云，随波逐流，完全没有自己的想法。更有甚者，他们会说：“我一天到晚都忙着学习（或工作），连想的时间都没有，还让我再换个思路、换个想法去想？怎么可能？”殊不知，很多时候，就是因为“没时间去想”“没时间去换个思路、换个想法”，最终让我们与成功相隔甚远。其实有时候想法能够直接决定一个人的命运。

有这样一个小男孩，他在同学中的人缘并不好，因为大家认为他经常“说谎”。比如，有一天他看见了一块怪异的石头，他会对同学说：“这是一枚宝石，可能价值连城。”但同学们听后，都嘲笑他，但是他对此却并不在意。

时间长了，学校的老师和同学便都“理所当然”地认为他就是一个不乖的孩子。当老师把他的问题反映给他的父亲时，孩子的父亲却并不以为然，他认为自己的孩子不是在说谎，只是他懂得想象，换了一个想法而已。老师说的次数多了，孩子的父亲便开始观察他是否真如老师所说的那样在说谎。

有一次，男孩在地上捡到一枚硬币。他很神秘地对他的姐姐说：“这是一个古罗马造的硬币。”姐姐拿过来一看，却发现这只是一枚非常普通的旧币，只是由于时间长了，受潮生锈，显得有些像古董罢了。于是，姐姐便把这件事情告诉了父亲，希望父亲能好好惩罚他，让他改掉那个令人讨厌的“说谎”的习惯。可是父亲却把孩子叫过来说：“宝贝，我怎么能责备你呢？你的想法和别人不一样，你有丰富的想象力。太棒了！”

对于孩子父亲的这种行为，很多人都表示不认同，甚至觉得这个父亲太溺爱孩子了，以后肯定会害了这个孩子，等他长大了他一定是一个谎话连篇的虚伪之人。然而，出乎大家的意料，这个孩子长大了，却成了著名的科学家，他的名字叫“达尔文”。

众所周知的“生物进化论”就是由达尔文提出的，因为他异于常人的想法，让这个“说谎”的孩子最终成了一个伟大的人。

其实不管是何时，换个好的想法，你可能就是No.1（第一）。很多对哈佛不了解的人都认为被世界著名学府哈佛录取的学生都是成绩超级优异的学霸，然而，哈佛的教授却说："我们需要的不是考试机器，我们要求学生有自己鲜明的个性，有学术精神，有领导能力。哈佛培养的都是国家未来的精英，是在政治、法律、金融、管理和学术各个领域的顶尖精英。哈佛重视的是年轻人的综合素质，从知识的适应到创新，从博雅文化到领袖气质。哈佛需要的是有思想、有想法的人，我们坚信，只有这样的人，才能推动人类社会的进步。"有想法、有创意的人的发展潜力是非常大的。

有一位才华横溢的年轻画家，在巴黎靠卖画来维持生计，但是却过得穷困潦倒，因为他的画一张都卖不出去，那些画店的老板只会寄售名人的作品，年轻的画家根本就没机会让自己的画出现在寄售的画店里。

但是，有一天，画店来了一位顾客，迫切地向老板询问有没有这位年轻画家的画。画店老板拿不出来，最后只好无奈地目送那位顾客离去。

在此后的一个多月，不断有人来画店询问这位年轻画家的画，画店老板开始为自己的无知而感到后悔，并且渴望再次见到那位原来如此"有名"的画家。

就在老板焦虑之时，这位年轻的画家再次出现在老板的面前，他已经成功地将自己的画拍卖了出去，并因此一夜成名。

原来，这位年轻的画家想出了一个聪明的法子：他用钱雇了几个大学生，让他们每天去巴黎的大小画店闲逛，并且在走的时候都要问问画店的老板：有没有这位画家的画？哪里可以买到他的画？

这个聪明的画家就是著名的毕加索。

当我们遇到挫折和困难一筹莫展时，不妨向毕加索学一学，多动动脑筋，要知道方法总比困难多，换个想法来创造自己的机遇。那么，成功就会离你不远了。

正处于思维活跃、想象力丰富时期的青少年，一定要做一个敢想、会想的人。因为不怕做不到，就怕想不到。你想摆脱平庸吗？你想做一个特立独行、与众不同的人吗？那就换个好想法试试吧！

可以失败，但不可以不创新

皮耶·德·费马
法国著名数学家
做出重大发明创造的年轻人，大多是敢于向千年不变的戒规、定律挑战的人，他们做出了大师们认为不可能的事情来，让世人大吃一惊。

歌德曾说过："要成长，你必须独创才行。"的确，一个人要不断成长，不断进步，必须要创新。好的创新不仅能让你做到一加一大于二，更能让你收到事半功倍的效果。哈佛人告诉我们：创新，是成功的第一步；要想脱颖而出，只有创新，出其不意，方能制胜。

然而，所谓创新，就是从有到无，其中充满着风险和不确定性，这些将会让你遇到机会和收益的同时，还有可能让你尝到挫折和失败的味道。

亨利·福特（以下简称“老福特”），美国汽车大王，世界最大的汽车企业之一福特汽车公司的建立者。1999年，《财富》杂志将他评为“二十世纪商业巨人”。

就是这个享有“汽车大王”美誉的人带领着他的公司生产出了世界上第一辆属于普通百姓的汽车。可以说，是他将人类社会带入了汽车时代。

老福特出生于美国密歇根州韦恩郡的史普林威尔镇，是一位农场主的儿子。从小他就对机械充满着浓厚的兴趣。12岁时他花了很多时间建立了一个自己的机械坊，15岁时他亲手造了一台内燃机。年轻时他还先后从事过机械修理、船舶修理等工作。到30岁时，他的汽油机试验成功。通过不断的创新、研制、试验，33岁时，他成功地制造出了第一辆汽车。

因为缺乏管理经验，加之一心扑在研究新车而忽视了卖车的老福特的前两次办汽车厂都以失败告终了，但这显然没有挫伤他的积极性。1903年6月，老福特第三次与别人合作，按股份制模式成立了汽车公司，此后，他的工厂先后制造出了性能稳定的A型、N型、R型、S型等车，无一不销售极好。

生于农场主家庭的老福特还深刻地了解美国农村，地广人稀，农民需要的是操作简单、坚固耐用、耐得住颠簸的汽车。结合这个特点，老福特最终生产出了简单、耐用、低价的T型车。1913年，福特汽车公司又开发出了世界上第一条流水线，这一创举使T型车一共达到了1500万辆，缔造了一个世界纪录。福特汽车很快就占据了世界汽车市场一大半的份额。

老福特的创新精神远不止用在他热爱的汽车事业上，他还将其用在了员工的薪酬管理上。当时其他汽车制造厂的工人都是每天工作10小时，每天3美元，而他却推出了“8小时工作制”，“每天5美元”。从表面上看，这对他来说是极其不利的，但是从另一方面来说，他吸收了很多熟练工人，提高了工作效率。

在这些创新下，福特家族一度“富可敌国”。但是，随着年龄的增长，老福特的创新却逐渐走向了教条化。

20世纪20年代，美国进入了大众化富裕时代，老福特却坚持认为应该勤俭生活，继续拼命生产T型车。但当时的美国人需要的是速度、造型、环保以及个性化，市场需求已经开始发生变化，变得越来越多元。最终，福特汽车凭借着“颜色单调、耗油量大、排气量大”的“特点”，销量开始急剧下跌。

此时，年轻有想法的小福特建议老福特推出豪华型轿车，老福特不但没有采纳他的意见，反而亲自用斧子劈毁了儿子的新车型。就在此时，通用汽车和其他几家公司则紧扣市场需求，制定了正确的战略规划，生产出节能低耗、小型轻便的汽车。在20世纪70年代的石油危机中，通用汽车一跃而上，而福特汽车却濒临破产。

老福特这才意识到自己的错误判断，转而根据小福特的意见推出豪华型轿车。但是先机已失，老福特感慨地总结说：“不创新，就灭亡。”

直到今日，福特汽车也没有回到它昔日龙头老大的宝座。

“成也萧何，败也萧何。”福特汽车之所以能脱颖而出，福特家族之所以能富可敌国，主要在于老福特当时具有强烈的创新意识，他通过不断的创新，创造出符合市场、符合大众需求的汽车。但是后来，老福特却不能贯彻初心，固执己见，视创新为无物，最终把福特汽车逼上了绝境。正如老福特的感慨："不创新，就灭亡。"

人类社会要不断进步，就需要不断地去创新、去征服，这是一种敢想敢闯的冒险。在这个"弱肉强食"的竞争环境中，如果没有这种勇气和胆量，即使做出比较切合实际的预见，也不能很快地发展下去。即使看到前面的东西，如果不敢迈出去，也不能得到。

对于青少年也一样，如果我们能在学习上有创新精神，产生出好的创意，研究出好的学习方法，那我们的学习一定也能达到事半功倍的效果。

如何提高创新力

"创新能力是一个民族进步的灵魂，是国家兴旺发展的不竭动力。"它更是成功的必备条件，那么我们要如何提高自己的创新能力呢？

1. 要有积极进取的心

当一个人时刻保有进取向上的心时，他不会满足于现在的状况，因为他一直会想让自己变得更好，无论是生活、学习还是工作，他都希望得到一个更佳的状况，在这种强烈的进取心的驱使下，就会产生积极的创新意识了。

2. 学会思考和质疑

很多人都习惯性地去相信一些经验、真理，对于那些权威人士更是绝对地崇拜和相信，所以一遇到什么事情就先选择依赖别人，认为他们说的都是对的，只会人云亦云，完全没有自己的思考和想法，也不敢大胆提出自己的质疑，就把自己框在传统的思维定式里当个井底之蛙。殊不知，这样非常不利于我们创新能力的提高。所以当遇到事情时，我们要多观察、多思考、多问几个为什么，要形成自己的想法和看法。

3. 全身心投入去发展你的创新能力

给自己设定一个长期的安排，就是每天花一定的时间全身心投入地去发展你的创新能力。千万不能三天打鱼两天晒网，坚持每天花点时间发展你的创新技能，相信不需要过多久，你就能看到自己已经有了很大的进步。

4. 适时地奖励自己

有时，适时的奖励是非常有必要的。当你有一个奇思妙想时，请给自己一个奖励；当你觉得自己是在胡思乱想时，也请给自己一个奖励，给自己一个机会去探索新的课题。或许有时，创新的真正奖励在于其过程本身，而不是什么具体的东西。

5. 不要害怕失败

一个人要想成功，要想提高自己的创造力，就不能害怕犯错。如果你每天都在担心自己可能会犯错，不敢越雷池一步，那么你永远不会有所成就。俗话说，失败是成功之母，你只有经历失败了，才能在失败中总结经验，失败了再爬起来才会成功，多实践、多经历是非常有助于提高我们的创新力的。

6. 乐于冒险

当开始发展你的创新技能时，为了提升自己的能力你必须愿意承担风险。你的努力可能不会每次都成功，提醒自己：错误只是过程的一部分，它依然会增强你的创新才能和发展未来可用的技能。

7. 多听多学多严谨

遇到问题多听听大家的意见，集思广益，多向有经验的人学习，但千万不能迷信或盲目崇拜，要有我们自己的主见，靠自己的思考分析哪种方法最适合，遇到动手操作的事情时，一定要动手实践一下，在实践中找到最好的方法。

8. 严格严谨地要求自己

我们要想提高自身的创新能力，做任何事情时必须要有一丝不苟的精神，有严谨的工作作风，只有对自己要求严格才能做什么事情都能比较出色。

9. 激发新思路的头脑风暴

头脑风暴是一个在学术界和专业领域常用的技术，但它也可以作为开发你的创新能力的强有力工具。首先把你的判断力和自我批评放在一边，然后开始写下相关的想法和可能的解决办法。目标是在一个相对较短的时间内产生尽可能多的想法。接下来，重点明确和细化自己的想法以达成最佳的选择。